2019

京津冀
科技统计年鉴

天 津 市 科 学 技 术 发 展 战 略 研 究 院
京津冀科技统计协同创新基地建设研究课题组 编著

科学技术文献出版社
SCIENTIFIC AND TECHNICAL DOCUMENTATION PRESS
·北京·

图书在版编目（CIP）数据

2019京津冀科技统计年鉴 / 天津市科学技术发展战略研究院京津冀科技统计协同创新基地建设研究课题组编著. —北京：科学技术文献出版社，2020. 9
ISBN 978-7-5189-7165-7

Ⅰ. ① 2… Ⅱ. ①天… Ⅲ. ①科技统计—华北地区—2019—年鉴 Ⅳ. ① G322.72-66

中国版本图书馆 CIP 数据核字（2020）第 180484 号

2019京津冀科技统计年鉴

策划编辑：李　蕊　　责任编辑：李　晴　　责任校对：张永霞　　责任出版：张志平

出 版 者　科学技术文献出版社
地　　址　北京市复兴路15号　邮编　100038
编 务 部　（010）58882938，58882087（传真）
发 行 部　（010）58882868，58882870（传真）
邮 购 部　（010）58882873
官方网址　www.stdp.com.cn
发 行 者　科学技术文献出版社发行　全国各地新华书店经销
印 刷 者　北京时尚印佳彩色印刷有限公司
版　　次　2020 年 9 月第 1 版　2020 年 9 月第 1 次印刷
开　　本　889×1194　1/16
字　　数　239千
印　　张　10.75
书　　号　ISBN 978-7-5189-7165-7
定　　价　36.00元

《2019京津冀科技统计年鉴》

编委会成员

编者说明

一、《2019京津冀科技统计年鉴》受天津市“京津冀科技统计协同创新基地建设研究”课题（课题编号：19PTZSYS00020）资助，在天津市科学技术局、河北省科学技术厅指导下，由天津市科学技术发展战略研究院、北京科学学研究中心和河北省科学技术情报研究院共同编辑制作。年鉴主要反映了京津冀的科技活动情况，收录了2013—2018年三地相关科技统计数据。

二、年鉴正文分为15个部分。第一部分为京津冀科技活动综合统计资料，数据来源于《中国统计年鉴》《中国科技统计年鉴》和三地相关统计资料；第二至第五部分分别为财政、研究与开发机构、工业企业和高等学校科技活动统计资料，数据来源于《中国统计年鉴》、《中国科技统计年鉴》、全国科学研究和技术服务业科技活动单位统计调查和全国地方财政科学技术支出统计调查等相关统计资料；第六部分为高技术产业发展统计资料，数据来源于《中国高技术产业统计年鉴》；第七部分为创新产出统计资料，数据来源于《中国科技统计年鉴》；第八至第十三部分别为国家高新技术产业开发区、科技企业孵化器、国家高新技术企业、国家大学科技园、火炬特色产业基地和创新型产业集群统计资料，数据来源于《中国科技统计年鉴》和《中国火炬统计年鉴》；第十四部分为科学技术普及统计资料，数据来源于《中国科普统计》；第十五部分为主要统计指标解释。附录收录三地各类科技创新机构清单。

三、本年鉴中部分数据合计数或相对数由于计量单位取舍不同而产生的计算误差，均未做机械调整。

四、有关符号说明：“#”表示是其中的主要项；“①”等表示本表下有注解；“空格”表示该项统计指标数据不足本表最小单位数、不详或无该项数据。

目 录

第一部分

综　合

表1–1 京津冀主要社会、经济指标情况（2018 年）

项目	全国	京津冀合计	北京	天津	河北	京津冀占比（%）
常住人口（万人）①	**139 538**	**11 270**	2154	1560	7556	**8.1**
户籍人口（万人）	**1 144 648**	**92 374**	17 673	12 794	61 907	**8.1**
地区生产总值（亿元）	**900 309.5**	**85 139.9**	30 320.0	18 809.6	36 010.3	**9.5**
第一产业	**64 734.0**	**3629.4**	118.7	172.7	3338.0	**5.6**
第二产业	**366 000.9**	**29 297.5**	5647.7	7609.8	16 040.1	**8.0**
# 工业增加值	**305 160.2**		4464.6	6962.7		
第三产业	**469 574.6**	**52 213.0**	24 553.6	11 027.1	16 632.2	**11.1**
人均生产总值（元 / 人）	**64 644**	**308 694**	140 211	120 711	47 772	
社会从业人员（万人）	**77 586.0**		1237.8	896.6	4196.1	
农、林、牧、渔业总产值（亿元）	**113 579.5**	**6394.3**	296.8	390.5	5707.0	**5.6**
中资金融机构人民币存款余额（万亿元）	**177.5**		14.8	3.0	6.6	
# 住户存款余额	**72.2**		3.4	1.1	4.1	
中资金融机构人民币贷款余额（万亿元）	**136.3**		6.6	3.2	4.8	
一般公共预算收入（亿元）	**97 903.4**	**11 406.02**	5785.9	2106.2	3513.9	**11.7**
一般公共预算支出（亿元）	**188 196.3**	**18 300.8**	7471.4	3103.2	7726.2	**9.7**
固定资产投资（不含农户）比上年增长情况（%）	**5.9**		–5.5	–5.6	6.0	
主要规模以上港口货物吞吐量（亿吨）	**92.2**	**7.4**	0	5.1	2.3	**8.0**
邮电业务总量（亿元）	**12 345.2**	**893.4**	397.9	115.3	380.1	**7.2**
社会消费品零售总额（亿元）	**380 986.9**	**11 270.0**	2154.0	1560.0	7556.0	**3.0**
实际直接利用外资额（亿美元）	**1349.7**		173.1	48.5	97.0	
外贸进出口总额（亿美元）	**46 224.2**		4124.3	1225.1	538.8	
# 出口	**24 866.8**		741.7	488.0	339.9	
城镇非私营单位从业人员工资总额（亿元）	**141 480.0**	**18 498.8**	12 080.9	2645.6	3772.3	**13.1**
城镇非私营单位从业人员平均工资（元）	**82 413**		145 766	100 731	68 717	

注：①全国数据为年度人口抽样调查推算数据，京津冀数据为常住人口口径。

表1-2　京津冀全省（市）财政收支情况（2018 年）

地区	地方财政科技支出合计（亿元）	# 中央对地方科技专项转移支出	地方财政支出（亿元）	科技支出占财政支出的比重（%）	地方财政收入（亿元）
全国	**5212.1**	**54.4**	**189 112.4**	**2.8**	**97 931.3**
京津冀合计	**609.6**	**0.3**	**18 300.8**	**3.3**	**11 406.0**
北京	425.9	0	7471.4	5.7	5785.9
天津	106.7	0.3	3103.2	3.4	2106.2
河北	77.0	0	7726.2	1.0	3513.9
京津冀占比（%）	**11.7**	**0.5**	**9.7**		**11.6**

表1-3　京津冀省（市）本级财政收支情况（2018 年）

地区	地方财政科技支出合计（亿元）	# 中央对地方科技专项转移支出	地方财政支出（亿元）	科技支出占财政支出的比重（%）	地方财政收入（亿元）
全国	**1179.9**	**51.5**	**30 946.9**	**3.8**	**20 529.8**
京津冀合计	**399.8**	**0.3**	**5130.8**	**7.8**	**4976.7**
北京	338.9	0	3051.4	11.1	3364.1
天津	41.4	0.3	1095.9	3.8	864.9
河北	19.4	0	983.5	2.0	747.7
京津冀占比（%）	**33.9**	**0.6**	**16.6**		**24.2**

表1-4 京津冀研究与试验发展（R&D）情况（2013—2018年）

项目	2013年	2014年	2015年	2016年	2017年	2018年
R&D人员（人）						
全国	**5 018 218**	**5 351 472**	**5 482 528**	**5 830 741**	**6 213 627**	**6 571 372**
京津冀合计	**614 476**	**662 292**	**692 452**	**726 162**	**748 602**	**726 671**
北京	334 194	343 165	350 721	373 406	397 281	397 034
天津	143 667	164 076	177 725	177 165	165 638	160 683
河北	136 615	155 051	164 006	175 591	185 683	168 954
京津冀占比（%）	**12.2**	**12.4**	**12.6**	**12.5**	**12.0**	**11.1**
R&D人员全时当量（人年）						
全国	**3 532 817**	**3 710 580**	**3 758 848**	**3 878 057**	**4 033 597**	**4 381 444**
京津冀合计	**431 940**	**459 665**	**477 024**	**484 104**	**486 113**	**470 103**
北京	242 175	245 384	245 728	253 337	269 835	267 338
天津	100 219	113 335	124 321	119 384	103 087	99 490
河北	89 546	100 946	106 975	111 384	113 191	103 275
京津冀占比（%）	**12.2**	**12.4**	**12.7**	**12.5**	**12.1**	**10.7**
R&D经费内部支出（亿元）						
全国	**11 846.6**	**13 015.6**	**14 169.9**	**15 676.8**	**17 606.1**	**19 677.9**
京津冀合计	**1895.0**	**2046.6**	**2245.1**	**2405.3**	**2490.4**	**2862.9**
北京	1185.1	1268.8	1384.0	1484.6	1579.7	1870.8
天津	428.1	464.7	510.2	537.3	458.7	492.4
河北	281.9	313.1	350.9	383.4	452.0	499.7
京津冀占比（%）	**16.0**	**15.7**	**15.8**	**15.3**	**14.1**	**14.5**
R&D经费支出占GDP的比重（%）						
全国	**1.99**	**2.02**	**2.06**	**2.11**	**2.15**	**2.14**
京津冀合计	**3.02**	**3.08**	**3.24**	**3.18**	**3.09**	**3.36**
北京	5.98	5.95	6.01	5.96	5.64	6.17
天津	2.96	2.96	3.08	3.00	2.47	2.62
河北	0.99	1.06	1.18	1.20	1.26	1.39

表1–5 京津冀研究与试验发展（R&D）人员全时当量（2018年）

单位：人年

地区	R&D人员全时当量	#研究人员	基础研究	应用研究	试验发展
全国	**4 381 444**	**1 866 109**	**304 989**	**538 817**	**3 537 720**
京津冀合计	**470 103**	**263 071**	**61 974**	**103 441**	**304 711**
北京	267 338	167 304	50 048	70 880	146 431
天津	99 490	47 684	6175	13 162	80 154
河北	103 275	48 083	5751	19 399	78 126
京津冀占比（%）	**10.7**	**14.1**	**20.3**	**19.2**	**8.6**

表1–6 京津冀研究与试验发展（R&D）经费内部支出情况（2018年）

单位：亿元

地区	R&D经费内部支出	基础研究	应用研究	试验发展
全国	**19 677.9**	**1090.4**	**2190.9**	**16 396.7**
京津冀合计	**2862.9**	**314.6**	**535.9**	**2012.4**
北京	1870.8	277.8	412.8	1180.2
天津	492.4	23.7	63.4	405.4
河北	499.7	13.2	59.7	426.9
京津冀占比（%）	**14.5**	**28.9**	**24.5**	**12.3**

表1–7 京津冀研究与试验发展（R&D）经费内部支出按支出用途分布（2018年）

单位：亿元

地区	R&D经费内部支出	日常性支出	#人员劳务费	资产性支出	#仪器和设备
全国	**19 677.9**	**17 384.0**	**6115.8**	**2293.9**	**1976.5**
京津冀合计	**2862.9**	**2476.1**	**929.2**	**386.8**	**306.8**
北京	1870.8	1601.4	659.7	269.4	212.3
天津	492.4	433.0	149.7	59.4	43.0
河北	499.7	441.7	119.7	58.0	51.5
京津冀占比（%）	**14.5**	**14.2**	**15.2**	**16.9**	**15.5**

表1-8 京津冀研究与试验发展（R&D）经费内部支出按资金来源分布（2018 年）

单位：亿元

地区	R&D 经费内部支出	政府资金	企业资金	国外资金	其他资金
全国	**19 677.9**	**3978.6**	**15 079.3**	**71.4**	**548.6**
京津冀合计	**2862.9**	**1091.0**	**1621.0**	**15.7**	**135.2**
北京	1870.8	920.6	830.4	13.1	106.7
天津	492.4	102.2	370.3	2.0	17.8
河北	499.7	68.2	420.3	0.6	10.7
京津冀占比（%）	**14.5**	**27.4**	**10.8**	**22.0**	**24.6**

表1-9 京津冀专利情况（2013—2018 年）

单位：件

项目	2013 年	2014 年	2015 年	2016 年	2017 年	2018 年
专利申请受理数						
全国	**2 234 560**	**2 210 616**	**2 639 446**	**3 305 225**	**3 536 333**	**4 146 772**
京津冀合计	**211 870**	**231 533**	**280 335**	**350 481**	**334 212**	**394 035**
北京	123 336	138 111	156 312	189 129	185 928	211 212
天津	60 915	63 422	79 963	106 514	86 996	99 038
河北	27 619	30 000	44 060	54 838	61 288	83 785
京津冀占比（%）	**9.5**	**10.5**	**10.6**	**10.6**	**9.5**	**9.5**
专利申请授权数						
全国	**1 228 413**	**1 209 402**	**1 596 977**	**1 628 881**	**1 720 828**	**2 335 411**
京津冀合计	**105 713**	**121 144**	**161 503**	**172 138**	**183 971**	**230 070**
北京	62 671	74 661	94 031	100 578	106 948	123 496
天津	24 856	26 351	37 342	39 734	41 675	54 680
河北	18 186	20 132	30 130	31 826	35 348	51 894
京津冀占比（%）	**8.6**	**10.0**	**10.1**	**10.6**	**10.7**	**9.9**
国内有效专利数						
全国	**3 635 929**	**4 032 362**	**4 792 356**	**5 527 183**	**6 324 215**	**7 517 791**
京津冀合计	**342 564**	**424 824**	**535 051**	**647 599**	**767 938**	**898 772**
北京	219 243	274 667	344 916	417 666	494 941	569 929
天津	68 540	83 628	103 775	124 443	144 706	168 879
河北	54 781	66 529	86 360	105 490	128 291	159 964
京津冀占比（%）	**9.4**	**10.5**	**11.2**	**11.7**	**12.1**	**12.0**

表1-10　京津冀技术市场技术合同成交情况（2013—2018 年）

项目	2013 年	2014 年	2015 年	2016 年	2017 年	2018 年
技术输出地域合同数（项）						
全国	**294 929**	**297 037**	**307 132**	**320 437**	**367 586**	**411 985**
京津冀合计	**82 620**	**85 463**	**88 060**	**91 763**	**97 876**	**99 940**
北京	62 755	67 284	72 306	74 983	81 311	82 486
天津	15 664	14 947	12 456	12 934	12 168	11 214
河北	4201	3232	3298	3846	4397	6240
京津冀占比（%）	**28.0**	**28.8**	**28.7**	**28.6**	**26.6**	**24.3**
技术输出地域合同金额（亿元）						
全国	**7469.1**	**8577.2**	**9835.8**	**11 407.0**	**13 424.2**	**17 697.4**
京津冀合计	**3159.4**	**3555.0**	**3996.9**	**4552.6**	**5127.3**	**5919.4**
北京	2851.7	3137.2	3453.9	3941.0	4486.9	4957.8
天津	276.2	388.6	503.4	552.6	551.4	685.6
河北	31.6	29.2	39.5	59.0	88.9	276.0
京津冀占比（%）	**42.3**	**41.4**	**40.6**	**39.9**	**38.2**	**33.4**
技术流向地域合同数（项）						
全国	**294 929**	**297 037**	**307 132**	**320 437**	**367 586**	**411 985**
京津冀合计	**62 466**	**64 724**	**65 568**	**72 048**	**74 261**	**81 094**
北京	45 408	47 015	50 140	55 480	55 944	61 213
天津	10 934	11 594	9439	9612	10 208	9309
河北	6124	6115	5989	6956	8109	10 572
京津冀占比（%）	**21.2**	**21.8**	**21.3**	**22.5**	**20.2**	**19.7**
技术流向地域合同金额（亿元）						
全国	**7469.1**	**8577.2**	**9835.8**	**11 407.0**	**13 424.2**	**17 697.4**
京津冀合计	**1278.0**	**1728.3**	**1623.5**	**2326.7**	**2612.0**	**3090.4**
北京	945.4	1234.7	1147.5	1753.2	1887.5	2247.2
天津	236.1	340.8	330.7	389.2	421.2	347.6
河北	96.5	152.8	145.3	184.3	303.2	495.6
京津冀占比（%）	**17.1**	**20.2**	**16.5**	**20.4**	**19.5**	**17.5**

表1-11 京津冀科技创新机构及高新技术企业情况（2018 年）

地区	国家级企业技术中心（个）	国家级火炬计划平台和农业科技园区（个）	国家级科技企业孵化器（个）	国家备案众创空间（个）	国家级高新技术企业（家）
全国	**1480**	**706**	**967**	**1952**	**180 487**
京津冀合计	**201**	**56**	**116**	**317**	**34 794**
北京	92	21	55	159	24 691
天津	59	15	35	78	5004
河北	50	20	26	80	5099
京津冀占比（%）	13.6	7.9	12.0	16.2	19.3

2019/京津冀科技统计年鉴

第二部分

财　政

表2-1 京津冀一般公共预算收入（2018 年）

单位：亿元

项目	全国	京津冀合计	北京	天津	河北	京津冀占比（%）
地方一般公共预算收入	**97 903.4**	**11 406.0**	5785.9	2106.2	3513.9	**11.7**
税收收入	**75 954.8**	**9169.5**	4988.8	1624.9	2555.8	**12.1**
国内增值税	**30 777.5**	**3508.9**	1801.4	698.5	1009.0	**11.4**
企业所得税	**13 081.6**	**2013.3**	1287.7	319.5	406.0	**15.4**
个人所得税	**5547.6**	**963.8**	728.5	129.8	105.6	**17.4**
资源税	**1584.8**	**86.6**	27.2	11.3	48.0	**5.5**
城市维护建设税	**4680.7**	**501.7**	245.6	106.2	149.9	**10.7**
房产税	**2888.6**	**447.0**	299.5	76.2	71.3	**15.5**
印花税	**1222.5**	**167.6**	86.3	36.8	44.5	**13.7**
城镇土地使用税	**2387.6**	**159.5**	19.7	16.9	123.0	**6.7**
土地增值税	**5641.4**	**556.7**	209.1	99.9	247.7	**9.9**
车船税	**831.2**	**91.7**	31.2	11.5	49.0	**11.0**
耕地占用税	**1318.9**	**75.3**	2.8	9.1	63.4	**5.7**
契税	**5729.9**	**571.6**	245.3	105.6	220.7	**10.0**
烟叶税	**111.4**	**0.2**			0.2	**0.2**
环境保护税	**151.4**	**25.6**	4.5	3.6	17.6	**16.9**
其他税收收入	**0.04**	**0.01**			0.01	**25.0**
非税收入	**21 948.6**	**2236.5**	797.1	481.4	958.0	**10.2**
专项收入	**7197.4**	**998.8**	496.8	227.7	274.4	**13.9**
行政事业性收费收入	**3520.9**	**261.1**	57.4	48.5	155.2	**7.4**
罚没收入	**2492.2**	**242.2**	53.6	45.3	143.3	**9.7**
国有资本经营收入	**356.3**	**26.2**	0.1	3.5	22.6	**7.4**
国有资源（资产）有偿收入	**6286.9**	**473**	136.1	78.6	258.3	**7.5**
其他收入	**2095**	**235.2**	53.1	77.9	104.3	**11.2**

表2-2　京津冀一般公共预算支出（2018 年）

单位：亿元

项目	全国	京津冀合计	北京	天津	河北	京津冀占比（%）
地方一般公共预算支出	**188 196.3**	**18 300.8**	7471.4	3103.2	7726.2	**9.7**
一般公共服务支出	**16 871.0**	**1455.9**	512.4	231.1	712.4	**8.6**
外交支出	**3.0**					
国防支出	**210.8**	**21.6**	9.6	2.6	9.4	**10.3**
公共安全支出	**11 740**	**1175.4**	516.4	236.5	422.5	**10**
教育支出	**30 438.2**	**2859.3**	1025.5	448.2	1385.6	**9.4**
科学技术支出	**5206.4**	**609.6**	425.9	106.7	77.0	**11.7**
文化体育与传媒支出	**3256.7**	**413.5**	245.4	52.9	115.2	**12.7**
社会保障和就业支出	**25 827.5**	**2479.0**	835.7	505.5	1137.8	**9.6**
医疗卫生与计划生育支出	**15 412.9**	**1374.2**	490.1	192.8	691.3	**8.9**
节能环保支出	**5870.1**	**899.5**	399.5	66.5	433.6	**15.3**
城乡社区支出	**22 037.8**	**2475.8**	1246.2	561.4	668.1	**11.2**
农林水支出	**20 493.3**	**1648.0**	576.0	165.7	906.3	**8.0**
交通运输支出	**9969.1**	**941.2**	463.0	82.8	395.3	**9.4**
资源勘探信息等支出	**4694.9**	**526.7**	231.7	173.9	121.2	**11.2**
商业服务业等支出	**1533.7**	**142.1**	51.8	51.2	39.1	**9.3**
金融支出	**534.0**	**28.5**	15.2	3.6	9.7	**5.3**
援助其他地区支出	**442.2**	**93.0**	60.2	23.7	9.2	**21.0**
国土海洋气象等支出	**1919.9**	**162.4**	25.1	27.3	110.1	**8.5**
住房保障支出	**6299.9**	**423.4**	132.0	92.2	199.2	**6.7**
粮油物资储备支出	**685.1**	**40.6**	12.7	8.5	19.5	**5.9**
债务付息支出	**3241.1**	**229.8**	62.2	42.9	124.7	**7.1**
债务发行费用支出	**23.0**	**1.7**	0.3	0.2	1.2	**7.3**
其他支出	**1485.9**	**299.8**	134.7	27.2	137.9	**20.2**

表2-3 京津冀全省（市）财政科技支出情况（2013—2018 年）

项目	2013 年	2014 年	2015 年	2016 年	2017 年	2018 年
一般公共预算支出（亿元）						
全国	**119 740.3**	**129 215.5**	**150 335.6**	**160 351.4**	**173 228.3**	**188 196.3**
京津冀合计	**11 132.5**	**12 086.7**	**14 602.2**	**16 155.7**	**16 746.3**	**18 300.8**
北京	4173.7	4524.7	5737.7	6406.8	6824.5	7471.4
天津	2549.2	2884.7	3232.4	3699.4	3282.5	3103.2
河北	4409.6	4677.3	5632.2	6049.5	6639.2	7726.2
京津冀占比（%）	**9.3**	**9.4**	**9.7**	**10.1**	**9.7**	**9.7**
财政科技支出（亿元）						
全国	**2715.3**	**2877.8**	**3384.2**	**3877.9**	**4440.0**	**5206.4**
京津冀合计	**377.2**	**443.0**	**454.1**	**484.1**	**546.8**	**609.6**
北京	234.7	282.7	287.8	285.8	361.8	425.9
天津	92.8	109.0	120.8	125.2	116.0	106.7
河北	49.8	51.3	45.5	73.2	69.1	77.0
京津冀占比（%）	**13.9**	**15.4**	**13.4**	**12.5**	**12.3**	**11.7**
财政科技支出占一般公共预算支出的比重（%）						
全国	**2.3**	**2.2**	**2.3**	**2.4**	**2.6**	**2.8**
京津冀合计	**3.4**	**3.7**	**3.1**	**3.0**	**3.3**	**3.3**
北京	5.6	6.3	5.0	4.5	5.3	8.2
天津	3.6	3.8	3.7	3.4	3.5	3.4
河北	1.1	1.1	0.8	1.2	1.0	1.0

表2-4　京津冀省（市）本级财政科技支出情况（2013—2018 年）

项目	2013 年	2014 年	2015 年	2016 年	2017 年	2018 年
一般公共预算支出（亿元）						
全国	**22 138.2**	**22 965.6**	**26 483.5**	**26 592.4**	**28 710.1**	**30 946.9**
京津冀合计	**3458.9**	**3624.9**	**4125.6**	**4763.1**	**5090.7**	**5130.8**
北京	1702.0	1843.1	2199.9	2697.0	2862.2	3051.4
天津	1041.5	1086.1	1171.1	1239.4	1192.3	1095.9
河北	715.4	695.7	754.6	826.7	1036.2	983.5
京津冀占比（%）	**15.6**	**15.8**	**15.6**	**17.9**	**17.7**	**16.6**
财政科技支出（亿元）						
全国	**798.4**	**788.2**	**913.6**	**929.5**	**1075.0**	**1179.9**
京津冀合计	**250.9**	**302.7**	**308.8**	**309.7**	**358.4**	**399.8**
北京	193.5	239.9	243.4	244.1	299.3	338.9
天津	44.8	50.3	53.6	45.2	40.9	41.4
河北	12.7	12.5	11.8	20.5	18.2	19.4
京津冀占比（%）	**31.4**	**38.4**	**33.8**	**33.3**	**33.3**	**33.9**
财政科技支出占一般公共预算支出的比重（%）						
全国	**3.6**	**3.4**	**3.5**	**3.5**	**3.7**	**3.8**
京津冀合计	**7.3**	**8.4**	**7.5**	**6.5**	**7.0**	**7.8**
北京	11.4	13.0	11.1	9.1	10.5	11.1
天津	4.3	4.6	4.6	3.7	3.4	3.8
河北	1.8	1.8	1.6	2.5	1.8	2.0

表2-5 京津冀全省（市）财政科技支出按用途分布（2018年）

单位：万元

项目	全国	京津冀合计	北京	天津	河北	京津冀占比（%）
地方财政科技支出合计	**52 121 238**	**6 095 985**	4 258 712	1 066 828	770 445	**11.7**
科学技术管理事务	**2 315 133**	**238 107**	111 120	29 567	97 420	**10.3**
基础研究	**975 827**	**186 919**	156 717	13 072	17 130	**19.2**
应用研究	**2 548 740**	**661 883**	532 672	52 431	76 780	**26.0**
技术研究与开发	**19 345 203**	**1 125 525**	207 586	607 915	310 024	**5.8**
科技条件与服务	**2 838 428**	**134 118**	80 073	11 521	42 524	**4.7**
社会科学	**568 994**	**54 861**	31 834	8809	14 218	**9.6**
科学技术普及	**1 403 646**	**118 378**	73 956	13 572	30 850	**8.4**
科技交流与合作	**227 728**	**52 834**	10 837	39 171	2826	**23.2**
科技重大项目	**1 625 105**	**251 302**	222 748	26 060	2494	**15.5**
其他科学技术支出	**20 272 434**	**3 272 058**	2 831 169	264 710	176 179	**16.1**
中央对地方科技专项转移支出	**543 730**	**2900**	0	2900	0	**0.5**

表2-6 京津冀省（市）本级财政科技支出按用途分布（2018年）

单位：万元

项目	全国	京津冀合计	北京	天津	河北	京津冀占比（%）
地方财政科技支出合计	**11 799 118**	**3 997 557**	3 389 277	414 261	194 019	**33.9**
科学技术管理事务	**223 429**	**69 122**	31 182	6636	31 304	**30.9**
基础研究	**775 627**	**181 186**	156 551	12 019	12 616	**23.4**
应用研究	**1 874 763**	**530 588**	435 961	43 823	50 804	**28.3**
技术研究与开发	**3 534 290**	**453 868**	164 629	267 918	21 321	**12.8**
科技条件与服务	**637 006**	**49 836**	40 326	4108	5402	**7.8**
社会科学	**356 250**	**50 546**	31 834	8509	10 203	**14.2**
科学技术普及	**349 843**	**71 432**	57 693	7107	6632	**20.4**
科技交流与合作	**61 817**	**44 143**	10 831	32 642	670	**71.4**
科技重大项目	**938 181**	**234 234**	222 748	10 346	1140	**25**
其他科学技术支出	**3 047 912**	**2 312 602**	2 237 522	21 153	53 927	**75.9**
中央对地方科技专项转移支出	**514 990**	**2900**	0	2900	0	**0.6**

表2-7　北京市各区财政科技支出及占一般公共预算支出的比重（2018年）

地区	财政科技支出（万元）	一般公共预算支出（万元）	财政科技支出占一般公共预算支出的比重（%）
各区合计	**869 415**	**44 051 732**	**5.7**
东城区	11 905	2 515 731	0.5
西城区	33 437	4 297 074	0.8
朝阳区	117 687	5 632 186	2.1
丰台区	40 725	2 477 544	1.6
石景山区	7278	1 245 731	0.6
海淀区	412 424	6 593 246	6.3
门头沟区	3221	914 537	0.4
房山区	6196	2 587 255	0.2
通州区	14 998	4 054 044	0.4
顺义区	8664	3 150 116	0.3
昌平区	38 047	1 920 285	2.0
大兴区	5164	2 599 185	0.2
怀柔区	94 056	1 533 677	6.1
平谷区	10 458	1 323 096	0.8
密云区	33 106	1 806 818	1.8
延庆区	32 049	1 401 207	2.3

表2-8 天津市各区财政科技支出及占一般公共预算支出的比重（2018 年）

地区	财政科技支出（万元）	一般公共预算支出（万元）	财政科技支出占一般公共预算支出的比重（%）
各区合计	**652 567**	**20 039 616**	**3.4**
和平区	7948	565 935	1.4
河东区	3888	652 664	0.6
河西区	11 908	991 421	1.2
南开区	14 007	636 750	2.2
河北区	7339	563 943	1.3
红桥区	3267	454 807	0.7
东丽区	26 242	866 730	3.0
西青区	40 811	1 641 472	2.5
津南区	24 008	810 048	3.0
北辰区	25 185	802 101	3.1
武清区	24 933	1 773 388	1.4
宝坻区	21 902	1 154 480	1.9
滨海新区	395 624	6 507 984	6.1
宁河区	15 787	594 781	2.7
静海区	17 015	1 125 101	1.5
蓟州区	12 703	898 011	1.4

表2-9 河北省各地市财政科技支出及占一般公共预算支出的比重（2018 年）

地区	财政科技支出（万元）	一般公共预算支出（万元）	财政科技支出占一般公共预算支出的比重（%）
各市合计	**567 851**	**66 273 453**	**0.9**
石家庄市	113 287	9 382 202	1.2
唐山市	89 057	7 492 880	1.2
秦皇岛市	30 638	2 912 487	1.1
邯郸市	53 089	6 259 998	0.9
邢台市	29 004	4 948 361	0.6
保定市	38 863	6 671 275	0.6
张家口市	28 555	5 602 556	0.5
承德市	25 418	3 771 658	0.7
沧州市	57 651	6 222 522	0.9
廊坊市	56 004	6 203 506	0.9
衡水市	45 227	3 592 082	1.3

第三部分

研究与开发机构

（一）全部研究与开发机构

表3-1　京津冀研究与开发机构基本情况（2013—2018 年）

项目	2013 年	2014 年	2015 年	2016 年	2017 年	2018 年
机构数（个）						
全国	**3651**	**3677**	**3650**	**3611**	**3547**	**3306**
京津冀合计	**514**	**529**	**528**	**537**	**532**	**518**
北京	380	392	389	396	391	382
天津	58	60	60	61	61	61
河北	76	77	79	80	80	75
京津冀占比（%）	**14.1**	**14.4**	**14.5**	**14.9**	**15.0**	**15.7**
从业人员（人）						
全国	**761 963**	**778 861**	**782 821**	**768 794**	**775 526**	**783 032**
京津冀合计	**197 740**	**206 070**	**209 256**	**207 266**	**213 424**	**213 921**
北京	163 135	168 993	170 563	167 138	170 666	175 944
天津	15 036	16 730	17 088	17 228	21 837	16 443
河北	19 569	20 347	21 605	22 900	20 921	21 534
京津冀占比（%）	**26.0**	**26.5**	**26.7**	**27.0**	**27.5**	**27.3**
R&D 人员全时当量（人年）						
全国	**363 691**	**373 826**	**383 597**	**390 110**	**405 711**	**412 998**
京津冀合计	**112 337**	**115 213**	**116 808**	**118 852**	**124 498**	**124 924**
北京	96 249	97 130	97 988	99 099	102 538	105 812
天津	8572	9862	10 063	10 517	12 333	8552
河北	7516	8221	8757	9236	9627	10 560
京津冀占比（%）	**30.9**	**30.8**	**30.5**	**30.5**	**30.7**	**30.2**
R&D 经费内部支出（亿元）						
全国	**1781.4**	**1926.2**	**2136.5**	**2260.2**	**2435.7**	**2698.4**
京津冀合计	**670.0**	**709.9**	**787.6**	**815.2**	**841.5**	**927.0**
北京	602.4	640.9	702.8	730.1	741.2	828.3
天津	41.6	38.6	44.2	46.6	51.5	48.9
河北	26.0	30.4	40.6	38.4	48.8	49.8
京津冀占比（%）	**37.6**	**36.9**	**36.9**	**36.1**	**34.5**	**34.4**

续表

项目	2013 年	2014 年	2015 年	2016 年	2017 年	2018 年
专利申请数（件）						
全国	**37 040**	**41 966**	**46 559**	**52 331**	**56 267**	**61 404**
京津冀合计	**12 186**	**13 520**	**14 605**	**15 533**	**16 881**	**18 647**
北京	11 051	11 847	12 676	13 454	14 436	15 991
天津	734	1112	1264	1352	1604	1594
河北	401	561	665	727	841	1062
京津冀占比（%）	**32.9**	**32.2**	**31.4**	**29.7**	**30.0**	**30.4**
有效发明专利（件）						
全国	**53 636**	**65 837**	**86 367**	**107 718**	**124 518**	**151 327**
京津冀合计	**20 697**	**23 929**	**31 983**	**40 786**	**48 268**	**54 392**
北京	19 411	21 711	28 985	36 608	43 857	49 502
天津	819	1371	1783	2600	2594	2606
河北	467	847	1215	1578	1817	2284
京津冀占比（%）	**38.6**	**36.3**	**37.0**	**37.9**	**38.8**	**35.9**

表3-2　京津冀研究与开发机构 R&D 人员情况（2018 年）

单位：人

地区	R&D 人员合计	# 女性	# 博士毕业	# 硕士毕业	# 本科毕业	# 全时人员
全国	**464 292**	**155 118**	**85 032**	**171 302**	**146 160**	**375 463**
京津冀合计	**141 943**	**52 257**	**38 000**	**51 729**	**37 151**	**114 231**
北京	121 093	45 562	36 205	44 631	27 666	95 868
天津	9618	3502	994	3283	3868	8009
河北	11 232	3193	801	3815	5617	10 354
京津冀占比（%）	**30.6**	**33.7**	**44.7**	**30.2**	**25.4**	**30.4**

表3-3　京津冀研究与开发机构 R&D 全时人员按活动类型分布（2018 年）

单位：人年

地区	R&D 人员全时当量				
		# 研究人员	基础研究	应用研究	试验发展
全国	**412 998**	**294 712**	**85 049**	**147 506**	**180 443**
京津冀合计	**124 924**	**89 870**	**34 176**	**47 864**	**42 884**
北京	105 812	75 077	32 360	41 372	32 080
天津	8552	5465	1057	2685	4810
河北	10 560	9328	759	3807	5994
京津冀占比（%）	**30.2**	**30.5**	**40.2**	**32.4**	**23.8**

表3-4　京津冀研究与开发机构 R&D 经费内部支出按活动类型分布（2018 年）

单位：万元

地区	R&D 经费内部支出			
		基础研究	应用研究	试验发展
全国	**26 983 543**	**4 237 862**	**7 976 425**	**14 769 255**
京津冀合计	**9 269 296**	**1 891 833**	**2 842 231**	**4 535 232**
北京	8 282 682	1 817 717	2 581 324	3 883 640
天津	488 500	52 700	153 892	281 909
河北	498 114	21 416	107 015	369 683
京津冀占比（%）	**34.4**	**44.6**	**35.6**	**30.7**

表3-5　京津冀研究与开发机构 R&D 经费内部支出按支出用途分布（2018 年）

单位：万元

地区	R&D 经费内部支出				
		日常性支出		资产性支出	
			# 人员劳务费		# 仪器和设备支出
全国	**26 983 543**	**21 705 145**	**6 791 098**	**5 278 398**	**3 410 724**
京津冀合计	**9 269 296**	**7 527 925**	**2 312 488**	**1 741 371**	**1 178 575**
北京	8 282 682	6 775 679	2 099 199	1 507 002	1 040 703
天津	488 500	343 329	128 007	145 172	93 064
河北	498 114	408 917	85 282	89 197	44 808
京津冀占比（%）	**34.4**	**34.7**	**34.1**	**33.0**	**34.6**

表3-6　京津冀研究与开发机构 R&D 经费内部支出按资金来源分布（2018 年）

单位：万元

地区	R&D 经费内部支出	政府资金	企业资金	国外资金	其他资金
全国	**26 983 543**	**22 849 361**	**1 026 354**	**51 774**	**3 056 054**
京津冀合计	**9 269 296**	**7 792 744**	**412 667**	**21 129**	**1 042 758**
北京	8 282 682	6 981 944	401 152	20 997	878 590
天津	488 500	386 740	11 396	132	90 233
河北	498 114	424 060	119	0	73 935
京津冀占比（%）	**34.4**	**34.1**	**40.2**	**40.8**	**34.1**

表3-7　京津冀研究与开发机构 R&D 经费外部支出情况（2018 年）

单位：万元

地区	R&D 经费外部支出	对境内研究机构支出	对境内高等学校支出	对境内企业支出	对境外机构支出
全国	**1 443 496**	**792 659**	**113 857**	**387 510**	**1446**
京津冀合计	**809 167**	**486 168**	**53 965**	**196 262**	**530**
北京	785 541	483 247	52 189	177 550	530
天津	23 589	2921	1761	18 690	
河北	37	0	15	22	0
京津冀占比（%）	**56.1**	**61.3**	**47.4**	**50.7**	**36.7**

表3-8　京津冀研究与开发机构 R&D 课题（2018 年）

地区	R&D 课题数（项）	投入人员（人年）	投入经费（万元）
全国	**117 872**	**367 883**	**19 302 012**
京津冀合计	**37 094**	**112 625**	**6 596 812**
北京	34 583	94 972	5 925 683
天津	1466	7584	321 670
河北	1045	10 069	349 459
京津冀占比（%）	**31.5**	**30.6**	**34.2**

表3-9　京津冀研究与开发机构科技产出情况（2018年）

项目	全国	京津冀合计	北京	天津	河北	京津冀占比（%）
发表科技论文（篇）	**176 003**	**64 032**	58 671	2907	2454	**36.4**
#国外发表	**58 440**	**25 295**	24 556	522	217	**43.3**
出版科技著作（种）	**5722**	**2713**	2581	65	67	**47.4**
专利申请数（件）	**61 404**	**18 647**	15 991	1594	1062	**30.4**
#发明专利	**47 740**	**15 622**	13 681	1164	777	**32.7**
有效发明专利（件）	**151 327**	**54 392**	49 502	2606	2284	**35.9**
专利所有权转让及许可数（件）	**1959**	**779**	745	23	11	**39.8**
专利所有权转让及许可收入（万元）	**98 567**	**45 393**	44 828	350	215	**46.1**
形成国家或行业标准数（项）	**4299**	**1821**	1696	47	78	**42.4**

（二）地方部门属研究与开发机构

表3-10　京津冀地方部门属研究与开发机构基本情况（2013—2018年）

项目	2013年	2014年	2015年	2016年	2017年	2018年
机构数（个）						
全国	**2940**	**2957**	**2935**	**2877**	**2819**	**2589**
京津冀合计	**158**	**160**	**162**	**162**	**163**	**158**
北京	50	51	51	49	50	50
天津	40	40	40	41	41	41
河北	68	69	71	72	72	67
京津冀占比（%）	**5.4**	**5.4**	**5.5**	**5.6**	**5.8**	**6.1**
从业人员（人）						
全国	**225 923**	**230 510**	**232 168**	**235 142**	**233 759**	**221 402**
京津冀合计	**14 319**	**14 411**	**14 635**	**14 536**	**14 352**	**14 882**
北京	7182	7325	7494	7355	7227	7649
天津	3252	3235	3177	3234	3128	3217
河北	3885	3851	3964	3947	3997	4016
京津冀占比（%）	**6.3**	**6.3**	**6.3**	**6.2**	**6.1**	**6.7**

续表

项目	2013 年	2014 年	2015 年	2016 年	2017 年	2018 年
R&D 人员全时当量（人年）						
全国	**76 800**	**80 300**	**85 510**	**86 198**	**91 116**	**92 043**
京津冀合计	**5737**	**6642**	**6792**	**6648**	**7260**	**7685**
北京	3200	3855	3949	3863	4332	4606
天津	1326	1420	1396	1485	1332	1353
河北	1211	1367	1447	1300	1596	1726
京津冀占比（%）	**7.5**	**8.3**	**7.9**	**7.7**	**8.0**	**8.4**
R&D 经费内部支出（万元）						
全国	**1 747 069**	**2 043 039**	**2 454 198**	**2 740 343**	**3 005 537**	**3 234 757**
京津冀合计	**180 516**	**264 588**	**284 094**	**322 785**	**321 317**	**350 306**
北京	105 488	175 812	185 666	211 628	199 039	216 745
天津	45 678	48 338	53 739	62 302	51 450	64 284
河北	29 350	40 439	44 689	48 855	70 828	69 277
京津冀占比（%）	**10.3**	**13.0**	**11.6**	**11.8**	**10.7**	**10.8**
专利申请数（件）						
全国	**5870**	**6940**	**8760**	**11 145**	**11 527**	**13 087**
京津冀合计	**725**	**653**	**829**	**863**	**920**	**1151**
北京	539	386	580	490	499	667
天津	80	141	131	143	163	185
河北	106	126	118	230	258	299
京津冀占比（%）	**12.4**	**9.4**	**9.5**	**7.7**	**8.0**	**8.8**
有效发明专利数（件）						
全国	**8410**	**10 276**	**12 953**	**17 205**	**20 451**	**22 888**
京津冀合计	**1042**	**1162**	**1339**	**1966**	**2603**	**2364**
北京	517	598	816	1245	1853	1543
天津	337	344	308	428	361	363
河北	188	220	215	293	389	458
京津冀占比（%）	**12.4**	**11.3**	**10.3**	**11.4**	**12.7**	**10.3**

表3-11　京津冀地方部门属研究与开发机构 R&D 人员（2018 年）

单位：人

地区	R&D 人员合计	# 女性	# 博士毕业	# 硕士毕业	# 本科毕业	# 全时人员
全国	**109 586**	**44 728**	**14 870**	**37 234**	**42 055**	**78 588**
京津冀合计	**9396**	**4739**	**2117**	**2954**	**3241**	**6645**
北京	5469	2818	1535	1622	1606	3979
天津	1893	960	297	619	854	1128
河北	2034	961	285	713	781	1538
京津冀占比（%）	**8.6**	**10.6**	**14.2**	**7.9**	**7.7**	**8.5**

表3-12　京津冀地方部门属研究与开发机构 R&D 人员按机构服务行业分布（2018 年）

单位：人

服务行业	全国	京津冀合计	北京	天津	河北	京津冀占比（%）
合计	**109 586**	**9396**	**5469**	**1893**	**2034**	**8.6**
农、林、牧、渔业	**44 805**	**3301**	**1520**	**422**	**1359**	**7.4**
农业	**27 470**	**2212**	925	150	1137	**8.1**
林业	**4006**	**55**	0	0	55	**1.4**
畜牧业	**3016**	**0**	0	0	0	**0**
渔业	**1550**	**40**	0	0	40	**2.6**
农、林、牧、渔专业及辅助性活动	**8763**	**994**	595	272	127	**11.3**
采矿业	**195**	**0**	**0**	**0**	**0**	**0**
煤炭开采和洗选业	**95**	**0**	0	0	0	**0**
石油和天然气开采业	**0**	**0**	0	0	0	
黑色金属矿采选业	**0**	**0**	0	0	0	
有色金属矿采选业	**100**	**0**	0	0	0	**0**
非金属矿采选业	**0**	**0**	0	0	0	
开采专业及辅助性活动	**0**	**0**	0	0	0	
其他采矿业	**0**	**0**	0	0	0	
制造业	**6162**	**285**	**14**	**271**	**0**	**4.6**
农副食品加工业	**386**	**0**	0	0	0	**0**
食品制造业	**148**	**0**	0	0	0	**0**
酒、饮料和精制茶制造业	**23**	**0**	0	0	0	**0**
烟草制品业	**0**	**0**	0	0	0	

续表

服务行业	全国	京津冀合计	北京	天津	河北	京津冀占比（%）
纺织业	**42**	**0**	0	0	0	**0**
纺织服装、服饰业	**12**	**0**	0	0	0	**0**
皮革、毛皮、羽毛及其制品和制鞋业	**12**	**0**	0	0	0	**0**
木材加工和木、竹、藤、棕、草制品业	**60**	**0**	0	0	0	**0**
家具制造业	**10**	**0**	0	0	0	**0**
造纸和纸制品业	**40**	**0**	0	0	0	**0**
印刷和记录媒介复制业	**0**	**0**	0	0	0	
文教、工美、体育和娱乐用品制造业	**0**	**0**	0	0	0	
石油、煤炭及其他燃料加工业	**42**	**0**	0	0	0	**0**
化学原料和化学制品制造业	**445**	**0**	0	0	0	**0**
医药制造业	**1619**	**263**	0	263	0	**16.2**
化学纤维制造业	**19**	**0**	0	0	0	**0**
橡胶和塑料制品业	**82**	**0**	0	0	0	**0**
非金属矿物制品业	**296**	**0**	0	0	0	**0**
黑色金属冶炼和压延加工业	**25**	**0**	0	0	0	**0**
有色金属冶炼和压延加工业	**12**	**0**	0	0	0	**0**
金属制品业	**48**	**0**	0	0	0	**0**
通用设备制造业	**861**	**0**	0	0	0	**0**
专用设备制造业	**1261**	**8**	0	8	0	**0.6**
汽车制造业	**0**	**0**	0	0	0	
铁路、船舶、航空航天和其他运输设备制造业	**60**	**0**	0	0	0	**0**
电气机械和器材制造业	**65**	**0**	0	0	0	**0**
计算机、通信和其他电子设备制造业	**28**	**14**	14	0	0	**50.0**
仪器仪表制造业	**566**	**0**	0	0	0	**0**
其他制造业	**0**	**0**	0	0	0	
废弃资源综合利用业	**0**	**0**	0	0	0	
金属制品、机械和设备修理业	**0**	**0**	0	0	0	
电力、热力、燃气及水生产和供应业	**113**	**0**	**0**	**0**	**0**	**0**
电力、热力生产和供应业	**90**	**0**	0	0	0	**0**
燃气生产和供应业	**23**	**0**	0	0	0	**0**

续表

服务行业	全国	京津冀合计	北京	天津	河北	京津冀占比（%）
水的生产和供应业	**0**	**0**	0	0	0	
建筑业	**917**	**310**	**127**	**183**	**0**	**33.8**
房屋建筑业	**257**	**0**	0	0	0	**0**
土木工程建筑业	**620**	**270**	87	183	0	**43.5**
建筑安装业	**0**	**0**	0	0	0	
建筑装饰、装修和其他建筑业	**40**	**40**	40	0	0	**100.0**
批发和零售业	**0**	**0**	**0**	**0**	**0**	
批发业	**0**	**0**	0	0	0	
零售业	**0**	**0**	0	0	0	
交通运输、仓储和邮政业	**344**	**0**	**0**	**0**	**0**	**0**
铁路运输业	**0**	**0**	0	0	0	
道路运输业	**320**	**0**	0	0	0	**0**
水上运输业	**24**	**0**	0	0	0	**0**
航空运输业	**0**	**0**	0	0	0	
管道运输业	**0**	**0**	0	0	0	
多式联运和运输代理业	**0**	**0**	0	0	0	
装卸搬运和仓储业	**0**	**0**	0	0	0	
邮政业	**0**	**0**	0	0	0	
住宿和餐饮业	**0**	**0**	**0**	**0**	**0**	
住宿业	**0**	**0**	0	0	0	
餐饮业	**0**	**0**	0	0	0	
信息传输、软件和信息技术服务业	**868**	**0**	**0**	**0**	**0**	**0**
电信、广播电视和卫星传输服务	**106**	**0**	0	0	0	**0**
互联网和相关服务	**373**	**0**	0	0	0	**0**
软件和信息技术服务业	**389**	**0**	0	0	0	**0**
金融业	**6**	**0**	**0**	**0**	**0**	**0**
货币金融服务	**6**	**0**	0	0	0	**0**
资本市场服务	**0**	**0**	0	0	0	
保险业	**0**	**0**	0	0	0	
其他金融业	**0**	**0**	0	0	0	
房地产业	**0**	**0**	**0**	**0**	**0**	

续表

服务行业	全国	京津冀合计	北京	天津	河北	京津冀占比（%）
租赁和商务服务业	**11**	**0**	**0**	**0**	**0**	**0**
租赁业	**0**	**0**	0	0	0	
商务服务业	**11**	**0**	0	0	0	**0**
科学研究和技术服务业	**32666**	**2569**	**1543**	**505**	**521**	**7.9**
研究和试验发展	**19762**	**1733**	1104	335	294	**8.8**
专业技术服务业	**10380**	**725**	374	170	181	**7.0**
科技推广和应用服务业	**2524**	**111**	65	0	46	**4.4**
水利、环境和公共设施管理业	**5662**	**897**	**646**	**210**	**41**	**15.8**
水利管理业	**1931**	**203**	84	95	24	**10.5**
生态保护和环境治理业	**3472**	**632**	500	115	17	**18.2**
公共设施管理业	**253**	**62**	62	0	0	**24.5**
土地管理业	**6**	**0**	0	0	0	**0**
居民服务、修理和其他服务业	**24**	**0**	**0**	**0**	**0**	**0**
居民服务业	**0**	**0**	0	0	0	
机动车、电子产品和日用产品修理业	**0**	**0**	0	0	0	
其他服务业	**24**	**0**	0	0	0	**0**
教育	**844**	**0**	**0**	**0**	**0**	**0**
教育	**844**	**0**	0	0	0	**0**
卫生和社会工作	**15056**	**1977**	**1585**	**288**	**104**	**13.1**
卫生	**15056**	**1977**	1585	288	104	**13.1**
社会工作	**0**	**0**	0	0	0	
文化、体育和娱乐业	**1382**	**9**	**0**	**0**	**9**	**0.7**
新闻和出版业	**0**	**0**	0	0	0	
广播、电视、电影和录音制作业	**69**	**0**	0	0	0	**0**
文化艺术业	**1030**	**0**	0	0	0	**0**
体育	**283**	**9**	0	0	9	**3.2**
娱乐业	**0**	**0**	0	0	0	
公共管理、社会保障和社会组织	**531**	**48**	**34**	**14**	**0**	**9.0**
中国共产党机关	**0**	**0**	0	0	0	
国家机构	**531**	**48**	34	14	0	**9.0**

续表

服务行业	全国	京津冀合计	北京	天津	河北	京津冀占比（%）
人民政协、民主党派	**0**	**0**	0	0	0	
社会保障	**0**	**0**	0	0	0	
群众团体、社会团体和其他成员组织	**0**	**0**	0	0	0	
基层群众自治组织及其他组织	**0**	**0**	0	0	0	
国际组织	**0**	**0**	**0**	**0**	**0**	
国际组织	**0**	**0**	0	0	0	

表3–13　京津冀地方部门属研究与开发机构 R&D 人员全时当量按活动类型分布（2018 年）

单位：人年

地区	R&D 人员全时当量				
		# 研究人员	基础研究	应用研究	试验发展
全国	**92 043**	**62 201**	**17 629**	**30 162**	**44 252**
京津冀合计	**7685**	**4827**	**1641**	**2659**	**3385**
北京	4606	2685	1346	1749	1511
天津	1353	807	181	504	668
河北	1726	1335	114	406	1206
京津冀占比（%）	**8.3**	**7.8**	**9.3**	**8.8**	**7.6**

表3–14　京津冀地方部门属研究与开发机构 R&D 人员全时当量按机构服务行业分布（2018 年）

单位：人年

服务行业	全国	京津冀合计	北京	天津	河北	京津冀占比（%）
合计	**92 043**	**7685**	**4606**	**1353**	**1726**	**8.3**
农、林、牧、渔业	**38 701**	**2861**	**1383**	**282**	**1196**	**7.4**
农业	**24 041**	**1954**	854	95	1005	**8.1**
林业	**3382**	**42**	0	0	42	**1.2**
畜牧业	**2513**	**0**	0	0	0	**0**
渔业	**1241**	**25**	0	0	25	**2.0**
农、林、牧、渔专业及辅助性活动	**7524**	**840**	529	187	124	**11.2**
采矿业	**172**	**0**	**0**	**0**	**0**	**0**
煤炭开采和洗选业	**75**	**0**	0	0	0	**0**
石油和天然气开采业	**0**	**0**	0	0	0	
黑色金属矿采选业	**0**	**0**	0	0	0	

续表

服务行业	全国	京津冀合计	北京	天津	河北	京津冀占比（%）
有色金属矿采选业	97	0	0	0	0	0
非金属矿采选业	0	0	0	0	0	
开采专业及辅助性活动	0	0	0	0	0	
其他采矿业	0	0	0	0	0	
制造业	5007	209	11	198	0	4.2
农副食品加工业	333	0	0	0	0	0
食品制造业	146	0	0	0	0	0
酒、饮料和精制茶制造业	20	0	0	0	0	0
烟草制品业	0	0	0	0	0	
纺织业	41	0	0	0	0	0
纺织服装、服饰业	11	0	0	0	0	0
皮革、毛皮、羽毛及其制品和制鞋业	10	0	0	0	0	0
木材加工和木、竹、藤、棕、草制品业	52	0	0	0	0	0
家具制造业	10	0	0	0	0	0
造纸和纸制品业	40	0	0	0	0	0
印刷和记录媒介复制业	0	0	0	0	0	
文教、工美、体育和娱乐用品制造业	0	0	0	0	0	
石油、煤炭及其他燃料加工业	41	0	0	0	0	0
化学原料和化学制品制造业	389	0	0	0	0	0
医药制造业	1324	190	0	190	0	14.4
化学纤维制造业	16	0	0	0	0	0
橡胶和塑料制品业	76	0	0	0	0	0
非金属矿物制品业	248	0	0	0	0	0
黑色金属冶炼和压延加工业	22	0	0	0	0	0
有色金属冶炼和压延加工业	5	0	0	0	0	0
金属制品业	46	0	0	0	0	0
通用设备制造业	531	0	0	0	0	0
专用设备制造业	1061	8	0	8	0	0.8
汽车制造业	0	0	0	0	0	

续表

服务行业	全国	京津冀合计	北京	天津	河北	京津冀占比（%）
铁路、船舶、航空航天和其他运输设备制造业	**60**	**0**	0	0	0	**0**
电气机械和器材制造业	**65**	**0**	0	0	0	**0**
计算机、通信和其他电子设备制造业	**22**	**11**	11	0	0	**50.0**
仪器仪表制造业	**438**	**0**	0	0	0	**0**
其他制造业	**0**	**0**	0	0	0	
废弃资源综合利用业	**0**	**0**	0	0	0	
金属制品、机械和设备修理业	**0**	**0**	0	0	0	
电力、热力、燃气及水生产和供应业	**83**	**0**	**0**	**0**	**0**	**0**
电力、热力生产和供应业	**65**	**0**	0	0	0	**0**
燃气生产和供应业	**18**	**0**	0	0	0	**0**
水的生产和供应业	**0**	**0**	0	0	0	
建筑业	**735**	**191**	**95**	**96**	**0**	**26.0**
房屋建筑业	**238**	**0**	0	0	0	**0**
土木工程建筑业	**472**	**166**	70	96	0	**35.2**
建筑安装业	**0**	**0**	0	0	0	
建筑装饰、装修和其他建筑业	**25**	**25**	25	0	0	**100.0**
批发和零售业	**0**	**0**	**0**	**0**	**0**	
批发业	**0**	**0**	0	0	0	
零售业	**0**	**0**	0	0	0	
交通运输、仓储和邮政业	**287**	**0**	**0**	**0**	**0**	**0**
铁路运输业	**0**	**0**	0	0	0	
道路运输业	**271**	**0**	0	0	0	**0**
水上运输业	**16**	**0**	0	0	0	**0**
航空运输业	**0**	**0**	0	0	0	
管道运输业	**0**	**0**	0	0	0	
多式联运和运输代理业	**0**	**0**	0	0	0	
装卸搬运和仓储业	**0**	**0**	0	0	0	
邮政业	**0**	**0**	0	0	0	
住宿和餐饮业	**0**	**0**	**0**	**0**	**0**	

续表

服务行业	全国	京津冀合计	北京	天津	河北	京津冀占比（%）
住宿业	0	0	0	0	0	
餐饮业	0	0	0	0	0	
信息传输、软件和信息技术服务业	802	0	0	0	0	0
电信、广播电视和卫星传输服务	92	0	0	0	0	0
互联网和相关服务	367	0	0	0	0	0
软件和信息技术服务业	343	0	0	0	0	0
金融业	6	0	0	0	0	0
货币金融服务	6	0	0	0	0	0
资本市场服务	0	0	0	0	0	
保险业	0	0	0	0	0	
其他金融业	0	0	0	0	0	
房地产业	0	0	0	0	0	
房地产业	0	0	0	0	0	
租赁和商务服务业	10	0	0	0	0	0
租赁业	0	0	0	0	0	
商务服务业	10	0	0	0	0	0
科学研究和技术服务业	26 515	2009	1222	387	400	7.6
研究和试验发展	17 027	1494	966	316	212	8.8
专业技术服务业	7464	406	191	71	144	5.4
科技推广和应用服务业	2024	109	65	0	44	5.4
水利、环境和公共设施管理业	4924	766	552	178	36	15.6
水利管理业	1654	172	84	65	23	10.4
生态保护和环境治理业	3084	566	440	113	13	18.4
公共设施管理业	184	28	28	0	0	15.2
土地管理业	2	0	0	0	0	0
居民服务、修理和其他服务业	21	0	0	0	0	0
居民服务业	0	0	0	0	0	
机动车、电子产品和日用产品修理业	0	0	0	0	0	
其他服务业	21	0	0	0	0	0

续表

服务行业	全国	京津冀合计	北京	天津	河北	京津冀占比（%）
教育	**757**	**0**	**0**	**0**	**0**	**0**
教育	**757**	**0**	0	0	0	**0**
卫生和社会工作	**12 371**	**1597**	**1309**	**200**	**88**	**12.9**
卫生	**12 371**	**1597**	1309	200	88	**12.9**
社会工作	**0**	**0**	0	0	0	
文化、体育和娱乐业	**1180**	**6**	**0**	**0**	**6**	**0.5**
新闻和出版业	**0**	**0**	0	0	0	
广播、电视、电影和录音制作业	**69**	**0**	0	0	0	**0**
文化艺术业	**885**	**0**	0	0	0	**0**
体育	**226**	**6**	0	0	6	**2.7**
娱乐业	**0**	**0**	0	0	0	
公共管理、社会保障和社会组织	**472**	**46**	**34**	**12**	**0**	**9.7**
中国共产党机关	**0**	**0**	0	0	0	
国家机构	**472**	**46**	34	12	0	**9.7**
人民政协、民主党派	**0**	**0**	0	0	0	
社会保障	**0**	**0**	0	0	0	
群众团体、社会团体和其他成员组织	**0**	**0**	0	0	0	
基层群众自治组织及其他组织	**0**	**0**	0	0	0	
国际组织	**0**	**0**	**0**	**0**	**0**	
国际组织	**0**	**0**	0	0	0	

表3–15　京津冀地方部门属研究与开发机构 R&D 经费内部支出按活动类型分布（2018 年）

单位：万元

地区	R&D 经费内部支出			
		基础研究	应用研究	试验发展
全国	**3 234 757**	**552 659**	**1 055 696**	**1 626 401**
京津冀合计	**350 306**	**81 307**	**117 977**	**151 023**
北京	216 745	70 516	76 625	69 604
天津	64 284	7624	23 271	33 390
河北	69 277	3167	18 081	48 029
京津冀占比（%）	**10.8**	**14.7**	**11.2**	**9.3**

表3-16　京津冀地方部门属研究与开发机构 R&D 经费内部支出按支出用途分布（2018 年）

单位：万元

地区	R&D 经费内部支出	日常性支出	# 人员劳务费	资产性支出	# 仪器和设备支出
全国	**3 234 757**	**2 656 064**	**1 557 487**	**578 692**	**411 817**
京津冀合计	**350 306**	**284 094**	**165 869**	**66 212**	**46 622**
北京	216 745	176 224	106 484	40 521	30 587
天津	64 284	51 082	30 713	13 202	5420
河北	69 277	56 788	28 672	12 489	10 615
京津冀占比（%）	**10.8**	**10.7**	**10.6**	**11.4**	**11.3**

表3-17　京津冀地方部门属研究与开发机构 R&D 经费内部支出按资金来源分布（2018 年）

单位：万元

地区	R&D 经费内部支出	政府资金	企业资金	国外资金	其他资金
全国	**3 234 757**	**2 556 144**	**73 882**	**3750**	**600 981**
京津冀合计	**350 306**	**297 523**	**5197**	**1299**	**46 288**
北京	216 745	182 208	4746	1167	28 624
天津	64 284	49 935	332	132	13 886
河北	69 277	65 380	119	0	3778
京津冀占比（%）	**10.8**	**11.6**	**7.0**	**34.6**	**7.7**

表3-18　京津冀地方部门属研究与开发机构 R&D 经费内部支出按机构服务行业分布（2018 年）

单位：万元

服务行业	全国	京津冀合计	北京	天津	河北	京津冀占比（%）
合计	**3 168 038**	**350 306**	**216 745**	**64 284**	**69 277**	**11.1**
农、林、牧、渔业	**1 351 375**	**133 888**	**61 443**	**23 189**	**49 256**	**9.9**
农业	**847 590**	**81 735**	36 403	5645	39 687	**9.6**
林业	**103 786**	**1627**	0	0	1627	**1.6**
畜牧业	**78 357**	**0**	0	0	0	**0**
渔业	**55 302**	**1553**	0	0	1553	**2.8**
农、林、牧、渔专业及辅助性活动	**266 339**	**48 973**	25 040	17 544	6389	**18.4**
采矿业	**5972**	**0**	**0**	**0**	**0**	**0**
煤炭开采和洗选业	**1131**	**0**	0	0	0	**0**
石油和天然气开采业	**0**	**0**	0	0	0	
黑色金属矿采选业	**0**	**0**	0	0	0	
有色金属矿采选业	**4842**	**0**	0	0	0	**0**
非金属矿采选业	**0**	**0**	0	0	0	
开采专业及辅助性活动	**0**	**0**	0	0	0	
其他采矿业	**0**	**0**	0	0	0	
制造业	**127 827**	**3483**	**237**	**3246**	**0**	**2.7**
农副食品加工业	**5105**	**0**	0	0	0	**0**
食品制造业	**1806**	**0**	0	0	0	**0**
酒、饮料和精制茶制造业	**177**	**0**	0	0	0	**0**
烟草制品业	**0**	**0**	0	0	0	
纺织业	**416**	**0**	0	0	0	**0**
纺织服装、服饰业	**161**	**0**	0	0	0	**0**
皮革、毛皮、羽毛及其制品和制鞋业	**169**	**0**	0	0	0	**0**
木材加工和木、竹、藤、棕、草制品业	**361**	**0**	0	0	0	**0**
家具制造业	**201**	**0**	0	0	0	**0**
造纸和纸制品业	**548**	**0**	0	0	0	**0**
印刷和记录媒介复制业	**0**	**0**	0	0	0	
文教、工美、体育和娱乐用品制造业	**0**	**0**	0	0	0	

续表

服务行业	全国	京津冀合计	北京	天津	河北	京津冀占比（%）
石油、煤炭及其他燃料加工业	**980**	**0**	0	0	0	**0**
化学原料和化学制品制造业	**12 753**	**0**	0	0	0	**0**
医药制造业	**34 986**	**2965**	0	2965	0	**8.5**
化学纤维制造业	**262**	**0**	0	0	0	**0**
橡胶和塑料制品业	**2092**	**0**	0	0	0	**0**
非金属矿物制品业	**2750**	**0**	0	0	0	**0**
黑色金属冶炼和压延加工业	**252**	**0**	0	0	0	**0**
有色金属冶炼和压延加工业	**72**	**0**	0	0	0	**0**
金属制品业	**1387**	**0**	0	0	0	**0**
通用设备制造业	**18 860**	**0**	0	0	0	**0**
专用设备制造业	**28 793**	**281**	0	281	0	**1**
汽车制造业	**0**	**0**	0	0	0	
铁路、船舶、航空航天和其他运输设备制造业	**871**	**0**	0	0	0	**0**
电气机械和器材制造业	**1805**	**0**	0	0	0	**0**
计算机、通信和其他电子设备制造业	**835**	**237**	237	0	0	**28.4**
仪器仪表制造业	**12 183**	**0**	0	0	0	**0**
其他制造业	**0**	**0**	0	0	0	
废弃资源综合利用业	**0**	**0**	0	0	0	
金属制品、机械和设备修理业	**0**	**0**	0	0	0	
电力、热力、燃气及水生产和供应业	**1392**	**0**	**0**	**0**	**0**	**0**
电力、热力生产和供应业	**1038**	**0**	0	0	0	**0**
燃气生产和供应业	**353**	**0**	0	0	0	**0**
水的生产和供应业	**0**	**0**	0	0	0	
建筑业	**16 388**	**6800**	**2700**	**4100**	**0**	**41.5**
房屋建筑业	**2601**	**0**	0	0	0	**0**
土木工程建筑业	**12 385**	**5397**	1297	4100	0	**43.6**
建筑安装业	**0**	**0**	0	0	0	
建筑装饰、装修和其他建筑业	**1403**	**1403**	1403	0	0	**100**
批发和零售业	**0**	**0**	**0**	**0**	**0**	
批发业	**0**	**0**	0	0	0	

续表

服务行业	全国	京津冀合计	北京	天津	河北	京津冀占比（%）
零售业	**0**	**0**	0	0	0	
交通运输、仓储和邮政业	**17 351**	**0**	**0**	**0**	**0**	**0**
铁路运输业	**0**	**0**	0	0	0	
道路运输业	**16 847**	**0**	0	0	0	**0**
水上运输业	**504**	**0**	0	0	0	**0**
航空运输业	**0**	**0**	0	0	0	
管道运输业	**0**	**0**	0	0	0	
多式联运和运输代理业	**0**	**0**	0	0	0	
装卸搬运和仓储业	**0**	**0**	0	0	0	
邮政业	**0**	**0**	0	0	0	
住宿和餐饮业	**0**	**0**	**0**	**0**	**0**	
住宿业	**0**	**0**	0	0	0	
餐饮业	**0**	**0**	0	0	0	
信息传输、软件和信息技术服务业	**22 130**	**0**	**0**	**0**	**0**	**0**
电信、广播电视和卫星传输服务	**5828**	**0**	0	0	0	**0**
互联网和相关服务	**6181**	**0**	0	0	0	**0**
软件和信息技术服务业	**10 121**	**0**	0	0	0	**0**
金融业	**274**	**0**	**0**	**0**	**0**	**0**
货币金融服务	**274**	**0**	0	0	0	**0**
资本市场服务	**0**	**0**	0	0	0	
保险业	**0**	**0**	0	0	0	
其他金融业	**0**	**0**	0	0	0	
房地产业	**0**	**0**	**0**	**0**	**0**	
房地产业	**0**	**0**	0	0	0	
租赁和商务服务业	**175**	**0**	**0**	**0**	**0**	**0**
租赁业	**0**	**0**	0	0	0	
商务服务业	**175**	**0**	0	0	0	**0**
科学研究和技术服务业	**967 514**	**104 142**	**72 134**	**16 246**	**15 762**	**10.8**
研究和试验发展	**636 908**	**80 349**	60 363	12 664	7322	**12.6**
专业技术服务业	**283 832**	**17 288**	6754	3582	6952	**6.1**
科技推广和应用服务业	**46 773**	**6505**	5018	0	1487	**13.9**

续表

服务行业	全国	京津冀合计	北京	天津	河北	京津冀占比（%）
水利、环境和公共设施管理业	**161 712**	**23 268**	**12 592**	**9590**	**1086**	**14.4**
水利管理业	**53 209**	**6985**	3625	2872	488	**13.1**
生态保护和环境治理业	**102 927**	**15 414**	8097	6718	599	**15**
公共设施管理业	**5481**	**869**	869	0	0	**15.9**
土地管理业	**93**	**0**	0	0	0	**0**
居民服务、修理和其他服务业	**1059**	**0**	**0**	**0**	**0**	**0**
居民服务业	**0**	**0**	0	0	0	
机动车、电子产品和日用产品修理业	**0**	**0**	0	0	0	
其他服务业	**1059**	**0**	0	0	0	**0**
教育	**38 568**	**0**	**0**	**0**	**0**	**0**
教育	**38 568**	**0**	0	0	0	**0**
卫生和社会工作	**382 840**	**76 497**	**66 606**	**7092**	**2799**	**20**
卫生	**382 840**	**76 497**	66 606	7092	2799	**20**
社会工作	**0**	**0**	0	0	0	
文化、体育和娱乐业	**62 184**	**374**	**0**	**0**	**374**	**0.6**
新闻和出版业	**0**	**0**	0	0	0	
广播、电视、电影和录音制作业	**2182**	**0**	0	0	0	**0**
文化艺术业	**53 052**	**0**	0	0	0	**0**
体育	**6950**	**374**	0	0	374	**5.4**
娱乐业	**0**	**0**	0	0	0	
公共管理、社会保障和社会组织	**11 277**	**1852**	**1032**	**820**	**0**	**16.4**
中国共产党机关	**0**	**0**	0	0	0	
国家机构	**11 277**	**1852**	1032	820	0	**16.4**
人民政协、民主党派	**0**	**0**	0	0	0	
社会保障	**0**	**0**	0	0	0	
群众团体、社会团体和其他成员组织	**0**	**0**	0	0	0	
基层群众自治组织及其他组织	**0**	**0**	0	0	0	
国际组织	**0**	**0**	**0**	**0**	**0**	
国际组织	**0**	**0**	0	0	0	

表3-19　京津冀地方部门属研究与开发机构 R&D 课题数按课题服务行业分布（2018 年）

单位：项

服务行业	全国	京津冀合计	北京	天津	河北	京津冀占比（%）
合计	**51 744**	**4573**	**2650**	**795**	**1128**	**8.8**
农、林、牧、渔业	**25 277**	**1688**	**609**	**261**	**818**	**6.7**
农业	**16 874**	**1071**	303	137	631	**6.3**
林业	**1882**	**63**	22	4	37	**3.3**
畜牧业	**1795**	**37**	11	4	22	**2.1**
渔业	**922**	**28**	0	22	6	**3.0**
农、林、牧、渔专业及辅助性活动	**3804**	**489**	273	94	122	**12.9**
采矿业	**113**	**1**	**0**	**1**	**0**	**0.9**
煤炭开采和洗选业	**12**	**0**	0	0	0	**0**
石油和天然气开采业	**32**	**0**	0	0	0	**0**
黑色金属矿采选业	**4**	**0**	0	0	0	**0**
有色金属矿采选业	**56**	**1**	0	1	0	**1.8**
非金属矿采选业	**3**	**0**	0	0	0	**0**
开采专业及辅助性活动	**5**	**0**	0	0	0	**0**
其他采矿业	**1**	**0**	0	0	0	**0**
制造业	**3405**	**125**	**47**	**46**	**32**	**3.7**
农副食品加工业	**762**	**14**	0	9	5	**1.8**
食品制造业	**251**	**3**	2	1	0	**1.2**
酒、饮料和精制茶制造业	**130**	**3**	0	2	1	**2.3**
烟草制品业	**9**	**0**	0	0	0	**0**
纺织业	**12**	**0**	0	0	0	**0**
纺织服装、服饰业	**12**	**2**	2	0	0	**16.7**
皮革、毛皮、羽毛及其制品和制鞋业	**18**	**0**	0	0	0	**0**
木材加工和木、竹、藤、棕、草制品业	**50**	**0**	0	0	0	**0**
家具制造业	**12**	**2**	2	0	0	**16.7**
造纸和纸制品业	**6**	**0**	0	0	0	**0**
印刷和记录媒介复制业	**1**	**1**	1	0	0	**100.0**
文教、工美、体育和娱乐用品制造业	**6**	**0**	0	0	0	**0**

续表

服务行业	全国	京津冀合计	北京	天津	河北	京津冀占比（%）
石油、煤炭及其他燃料加工业	**19**	**2**	2	0	0	**10.5**
化学原料和化学制品制造业	**271**	**20**	4	1	15	**7.4**
医药制造业	**710**	**35**	6	25	4	**4.9**
化学纤维制造业	**7**	**0**	0	0	0	**0**
橡胶和塑料制品业	**88**	**1**	1	0	0	**1.1**
非金属矿物制品业	**69**	**3**	3	0	0	**4.3**
黑色金属冶炼和压延加工业	**8**	**1**	0	0	1	**12.5**
有色金属冶炼和压延加工业	**87**	**0**	0	0	0	**0**
金属制品业	**64**	**1**	0	0	1	**1.6**
通用设备制造业	**127**	**6**	6	0	0	**4.7**
专用设备制造业	**285**	**11**	2	7	2	**3.9**
汽车制造业	**68**	**2**	2	0	0	**2.9**
铁路、船舶、航空航天和其他运输设备制造业	**29**	**0**	0	0	0	**0**
电气机械和器材制造业	**90**	**3**	2	0	1	**3.3**
计算机、通信和其他电子设备制造业	**59**	**11**	11	0	0	**18.6**
仪器仪表制造业	**102**	**4**	1	1	2	**3.9**
其他制造业	**30**	**2**	0	0	2	**6.7**
废弃资源综合利用业	**22**	**0**	0	0	0	**0**
金属制品、机械和设备修理业	**1**	**0**	0	0	0	**0**
电力、热力、燃气及水生产和供应业	**147**	**17**	**15**	**0**	**2**	**11.6**
电力、热力生产和供应业	**67**	**9**	8	0	1	**13.4**
燃气生产和供应业	**36**	**4**	4	0	0	**11.1**
水的生产和供应业	**44**	**4**	3	0	1	**9.1**
建筑业	**400**	**73**	**43**	**30**	**0**	**18.3**
房屋建筑业	**102**	**13**	13	0	0	**12.7**
土木工程建筑业	**287**	**59**	29	30	0	**20.6**
建筑安装业	**1**	**0**	0	0	0	**0**
建筑装饰、装修和其他建筑业	**10**	**1**	1	0	0	**10.0**
批发和零售业	**13**	**2**	**2**	**0**	**0**	**15.4**
批发业	**7**	**2**	2	0	0	**28.6**

续表

服务行业	全国	京津冀合计	北京	天津	河北	京津冀占比（%）
零售业	**6**	**0**	0	0	0	**0**
交通运输、仓储和邮政业	**214**	**3**	**3**	**0**	**0**	**1.4**
铁路运输业	**0**	**0**	0	0	0	
道路运输业	**182**	**3**	3	0	0	**1.6**
水上运输业	**15**	**0**	0	0	0	**0**
航空运输业	**4**	**0**	0	0	0	**0**
管道运输业	**0**	**0**	0	0	0	
多式联运和运输代理业	**2**	**0**	0	0	0	**0**
装卸搬运和仓储业	**11**	**0**	0	0	0	**0**
邮政业	**0**	**0**	0	0	0	
住宿和餐饮业	**4**	**0**	**0**	**0**	**0**	**0**
住宿业	**1**	**0**	0	0	0	**0**
餐饮业	**3**	**0**	0	0	0	**0**
信息传输、软件和信息技术服务业	**387**	**21**	**1**	**5**	**15**	**5.4**
电信、广播电视和卫星传输服务	**5**	**0**	0	0	0	**0**
互联网和相关服务	**128**	**2**	1	1	0	**1.6**
软件和信息技术服务业	**254**	**19**	0	4	15	**7.5**
金融业	**28**	**1**	**1**	**0**	**0**	**3.6**
货币金融服务	**10**	**1**	1	0	0	**10.0**
资本市场服务	**11**	**0**	0	0	0	**0**
保险业	**0**	**0**	0	0	0	
其他金融业	**7**	**0**	0	0	0	**0**
房地产业	**15**	**2**	**2**	**0**	**0**	**13.3**
房地产业	**15**	**2**	2	0	0	**13.3**
租赁和商务服务业	**162**	**6**	**1**	**4**	**1**	**3.7**
租赁业	**0**	**0**	0	0	0	
商务服务业	**162**	**6**	1	4	1	**3.7**
科学研究和技术服务业	**12 015**	**1057**	**720**	**200**	**137**	**8.8**
研究和试验发展	**6760**	**580**	369	106	105	**8.6**
专业技术服务业	**3743**	**210**	134	59	17	**5.6**
科技推广和应用服务业	**1512**	**267**	217	35	15	**17.7**

续表

服务行业	全国	京津冀合计	北京	天津	河北	京津冀占比（%）
水利、环境和公共设施管理业	**3622**	**510**	**376**	**86**	**48**	**14.1**
水利管理业	**394**	**44**	6	25	13	**11.2**
生态保护和环境治理业	**3008**	**408**	318	59	31	**13.6**
公共设施管理业	**186**	**55**	52	2	1	**29.6**
土地管理业	**34**	**3**	0	0	3	**8.8**
居民服务、修理和其他服务业	**76**	**0**	**0**	**0**	**0**	**0**
居民服务业	**18**	**0**	0	0	0	**0**
机动车、电子产品和日用产品修理业	**2**	**0**	0	0	0	**0**
其他服务业	**56**	**0**	0	0	0	**0**
教育	**735**	**88**	**41**	**47**	**0**	**12.0**
教育	**735**	**88**	41	47	0	**12.0**
卫生和社会工作	**3644**	**774**	**661**	**71**	**42**	**21.2**
卫生	**3644**	**774**	661	71	42	**21.2**
社会工作	**0**	**0**	0	0	0	
文化、体育和娱乐业	**570**	**98**	**73**	**1**	**24**	**17.2**
新闻和出版业	**26**	**7**	4	0	3	**26.9**
广播、电视、电影和录音制作业	**8**	**0**	0	0	0	**0**
文化艺术业	**425**	**65**	65	0	0	**15.3**
体育	**101**	**26**	4	1	21	**25.7**
娱乐业	**10**	**0**	0	0	0	**0**
公共管理、社会保障和社会组织	**916**	**107**	**55**	**43**	**9**	**11.7**
中国共产党机关	**85**	**5**	0	3	2	**5.9**
国家机构	**679**	**67**	22	38	7	**9.9**
人民政协、民主党派	**4**	**1**	1	0	0	**25.0**
社会保障	**118**	**32**	32	0	0	**27.1**
群众团体、社会团体和其他成员组织	**22**	**2**	0	2	0	**9.1**
基层群众自治组织及其他组织	**8**	**0**	0	0	0	**0**
国际组织	**1**	**0**	**0**	**0**	**0**	**0**
国际组织	**1**	**0**	0	0	0	**0**

表3-20　京津冀地方部门属研究与开发机构 R&D 课题投入人员按课题服务行业分布（2018 年）

单位：人年

服务行业	全国	京津冀合计	北京	天津	河北	京津冀占比（%）
合计	**101 074**	**8141**	**4692**	**1525**	**1924**	**8.1**
农、林、牧、渔业	**43 979**	**2741**	**1132**	**337**	**1272**	**6.2**
农业	**28 916**	**1671**	501	200	970	**5.8**
林业	**3755**	**85**	31	9	45	**2.3**
畜牧业	**3484**	**74**	23	4	47	**2.1**
渔业	**1763**	**66**	0	33	33	**3.7**
农、林、牧、渔专业及辅助性活动	**6061**	**846**	576	92	178	**14.0**
采矿业	**293**	**2**	**0**	**2**	**0**	**0.7**
煤炭开采和洗选业	**38**	**0**	0	0	0	**0**
石油和天然气开采业	**76**	**0**	0	0	0	**0**
黑色金属矿采选业	**11**	**0**	0	0	0	**0**
有色金属矿采选业	**104**	**2**	0	2	0	**1.9**
非金属矿采选业	**19**	**0**	0	0	0	**0**
开采专业及辅助性活动	**43**	**0**	0	0	0	**0**
其他采矿业	**1**	**0**	0	0	0	**0**
制造业	**7023**	**246**	**59**	**125**	**62**	**3.5**
农副食品加工业	**997**	**12**	0	10	2	**1.2**
食品制造业	**432**	**5**	4	1	0	**1.2**
酒、饮料和精制茶制造业	**210**	**3**	0	2	1	**1.4**
烟草制品业	**26**	**0**	0	0	0	**0**
纺织业	**30**	**0**	0	0	0	**0**
纺织服装、服饰业	**20**	**3**	3	0	0	**15.0**
皮革、毛皮、羽毛及其制品和制鞋业	**25**	**0**	0	0	0	**0**
木材加工和木、竹、藤、棕、草制品业	**77**	**0**	0	0	0	**0**
家具制造业	**24**	**6**	6	0	0	**25.0**
造纸和纸制品业	**23**	**0**	0	0	0	**0**
印刷和记录媒介复制业	**1**	**0**	0	0	0	**0**
文教、工美、体育和娱乐用品制造业	**48**	**0**	0	0	0	**0**

续表

服务行业	全国	京津冀合计	北京	天津	河北	京津冀占比（%）
石油、煤炭及其他燃料加工业	**46**	**2**	2	0	0	**4.3**
化学原料和化学制品制造业	**634**	**36**	4	2	30	**5.7**
医药制造业	**1405**	**93**	5	81	7	**6.6**
化学纤维制造业	**22**	**0**	0	0	0	**0**
橡胶和塑料制品业	**98**	**1**	1	0	0	**1.0**
非金属矿物制品业	**254**	**7**	7	0	0	**2.8**
黑色金属冶炼和压延加工业	**13**	**4**	0	0	4	**30.8**
有色金属冶炼和压延加工业	**116**	**0**	0	0	0	**0**
金属制品业	**171**	**3**	0	0	3	**1.8**
通用设备制造业	**357**	**9**	9	0	0	**2.5**
专用设备制造业	**789**	**30**	1	26	3	**3.8**
汽车制造业	**292**	**1**	1	0	0	**0.3**
铁路、船舶、航空航天和其他运输设备制造业	**99**	**0**	0	0	0	**0**
电气机械和器材制造业	**247**	**4**	1	0	3	**1.6**
计算机、通信和其他电子设备制造业	**259**	**13**	13	0	0	**5.0**
仪器仪表制造业	**183**	**11**	0	2	9	**6.0**
其他制造业	**73**	**8**	0	0	8	**11.0**
废弃资源综合利用业	**52**	**0**	0	0	0	**0**
金属制品、机械和设备修理业	**1**	**0**	0	0	0	**0**
电力、热力、燃气及水生产和供应业	**333**	**21**	**17**	**0**	**4**	**6.3**
电力、热力生产和供应业	**158**	**14**	12	0	2	**8.9**
燃气生产和供应业	**82**	**4**	4	0	0	**4.9**
水的生产和供应业	**93**	**4**	2	0	2	**4.3**
建筑业	**957**	**150**	**73**	**77**	**0**	**15.7**
房屋建筑业	**294**	**25**	25	0	0	**8.5**
土木工程建筑业	**637**	**123**	46	77	0	**19.3**
建筑安装业	**2**	**0**	0	0	0	**0**
建筑装饰、装修和其他建筑业	**23**	**3**	3	0	0	**13.0**
批发和零售业	**18**	**3**	**3**	**0**	**0**	**16.7**
批发业	**9**	**3**	3	0	0	**33.3**

续表

服务行业	全国	京津冀合计	北京	天津	河北	京津冀占比（%）
零售业	**9**	**0**	0	0	0	**0**
交通运输、仓储和邮政业	**406**	**3**	**3**	**0**	**0**	**0.7**
铁路运输业	**0**	**0**	0	0	0	
道路运输业	**349**	**2**	2	0	0	**0.6**
水上运输业	**28**	**0**	0	0	0	**0**
航空运输业	**12**	**0**	0	0	0	**0**
管道运输业	**0**	**0**	0	0	0	
多式联运和运输代理业	**1**	**0**	0	0	0	**0**
装卸搬运和仓储业	**17**	**0**	0	0	0	**0**
邮政业	**0**	**0**	0	0	0	
住宿和餐饮业	**3**	**0**	**0**	**0**	**0**	**0**
住宿业	**0**	**0**	0	0	0	
餐饮业	**3**	**0**	0	0	0	**0**
信息传输、软件和信息技术服务业	**1434**	**52**	**1**	**9**	**42**	**3.6**
电信、广播电视和卫星传输服务	**16**	**0**	0	0	0	**0**
互联网和相关服务	**539**	**2**	0	2	0	**0.4**
软件和信息技术服务业	**879**	**49**	0	7	42	**5.6**
金融业	**64**	**5**	**5**	**0**	**0**	**7.8**
货币金融服务	**44**	**5**	5	0	0	**11.4**
资本市场服务	**14**	**0**	0	0	0	**0**
保险业	**0**	**0**	0	0	0	
其他金融业	**7**	**0**	0	0	0	**0**
房地产业	**15**	**0**	**0**	**0**	**0**	**0**
房地产业	**15**	**0**	0	0	0	**0**
租赁和商务服务业	**394**	**11**	**0**	**5**	**6**	**2.8**
租赁业	**0**	**0**	0	0	0	
商务服务业	**394**	**11**	0	5	6	**2.8**
科学研究和技术服务业	**24 555**	**2240**	**1526**	**434**	**280**	**9.1**
研究和试验发展	**12 407**	**1443**	966	281	196	**11.6**
专业技术服务业	**9044**	**387**	266	99	22	**4.3**
科技推广和应用服务业	**3105**	**409**	294	54	61	**13.2**

续表

服务行业	全国	京津冀合计	北京	天津	河北	京津冀占比（%）
水利、环境和公共设施管理业	**6985**	**947**	**520**	**251**	**176**	**13.6**
水利管理业	**1183**	**160**	31	84	45	**13.5**
生态保护和环境治理业	**5341**	**686**	407	164	115	**12.8**
公共设施管理业	**363**	**86**	81	3	2	**23.7**
土地管理业	**97**	**14**	0	0	14	**14.4**
居民服务、修理和其他服务业	**194**	**0**	**0**	**0**	**0**	**0**
居民服务业	**35**	**0**	0	0	0	**0**
机动车、电子产品和日用产品修理业	**6**	**0**	0	0	0	**0**
其他服务业	**153**	**0**	0	0	0	**0**
教育	**1115**	**209**	**164**	**45**	**0**	**18.7**
教育	**1115**	**209**	164	45	0	**18.7**
卫生和社会工作	**9538**	**1308**	**1073**	**180**	**55**	**13.7**
卫生	**9538**	**1307**	1072	180	55	**13.7**
社会工作	**0**	**0**	0	0	0	
文化、体育和娱乐业	**1665**	**118**	**98**	**0**	**20**	**7.1**
新闻和出版业	**44**	**12**	8	0	4	**27.3**
广播、电视、电影和录音制作业	**75**	**0**	0	0	0	**0**
文化艺术业	**1329**	**66**	66	0	0	**5.0**
体育	**193**	**42**	25	1	16	**21.8**
娱乐业	**24**	**0**	0	0	0	**0**
公共管理、社会保障和社会组织	**2102**	**83**	**18**	**58**	**7**	**3.9**
中国共产党机关	**256**	**10**	0	7	3	**3.9**
国家机构	**1636**	**55**	10	41	4	**3.4**
人民政协、民主党派	**4**	**0**	0	0	0	**0**
社会保障	**146**	**8**	8	0	0	**5.5**
群众团体、社会团体和其他成员组织	**49**	**10**	0	10	0	**20.4**
基层群众自治组织及其他组织	**13**	**0**	0	0	0	**0**
国际组织	**3**	**0**	**0**	**0**	**0**	**0**
国际组织	**3**	**0**	0	0	0	**0**

表3-21 京津冀地方部门属研究与开发机构 R&D 课题投入经费按课题服务行业分布（2018 年）

单位：万元

服务行业	全国	京津冀合计	北京	天津	河北	京津冀占比（%）
合计	**2 252 455**	**241 766**	**155 401**	**49 251**	**37 114**	**10.7**
农、林、牧、渔业	**943 496**	**86 653**	**45 722**	**13 489**	**27 442**	**9.2**
农业	**604 221**	**47 265**	18 878	8332	20 055	**7.8**
林业	**65 660**	**2540**	764	161	1615	**3.9**
畜牧业	**75 559**	**1483**	793	111	579	**2.0**
渔业	**53 834**	**1358**	0	1106	252	**2.5**
农、林、牧、渔专业及辅助性活动	**144 221**	**34 008**	25 287	3780	4941	**23.6**
采矿业	**5841**	**36**	**0**	**36**	**0**	**0.6**
煤炭开采和洗选业	**413**	**0**	0	0	0	**0**
石油和天然气开采业	**1325**	**0**	0	0	0	**0**
黑色金属矿采选业	**68**	**0**	0	0	0	**0**
有色金属矿采选业	**2974**	**36**	0	36	0	**1.2**
非金属矿采选业	**250**	**0**	0	0	0	**0**
开采专业及辅助性活动	**807**	**0**	0	0	0	**0**
其他采矿业	**4**	**0**	0	0	0	**0**
制造业	**150 212**	**4641**	**1521**	**2111**	**1009**	**3.1**
农副食品加工业	**21 807**	**436**	0	373	63	**2.0**
食品制造业	**8675**	**207**	180	27	0	**2.4**
酒、饮料和精制茶制造业	**3010**	**104**	0	54	50	**3.5**
烟草制品业	**179**	**0**	0	0	0	**0**
纺织业	**405**	**0**	0	0	0	**0**
纺织服装、服饰业	**164**	**73**	73	0	0	**44.5**
皮革、毛皮、羽毛及其制品和制鞋业	**371**	**0**	0	0	0	**0**
木材加工和木、竹、藤、棕、草制品业	**1229**	**0**	0	0	0	**0**
家具制造业	**873**	**118**	118	0	0	**13.5**
造纸和纸制品业	**220**	**0**	0	0	0	**0**
印刷和记录媒介复制业	**0**	**1**	1	0	0	
文教、工美、体育和娱乐用品制造业	**1212**	**0**	0	0	0	**0**

续表

服务行业	全国	京津冀合计	北京	天津	河北	京津冀占比（%）
石油、煤炭及其他燃料加工业	**1406**	**14**	14	0	0	**1.0**
化学原料和化学制品制造业	**16 612**	**736**	171	35	530	**4.4**
医药制造业	**34 237**	**1045**	274	673	98	**3.1**
化学纤维制造业	**327**	**0**	0	0	0	**0**
橡胶和塑料制品业	**1738**	**32**	32	0	0	**1.8**
非金属矿物制品业	**5184**	**157**	157	0	0	**3.0**
黑色金属冶炼和压延加工业	**268**	**25**	0	0	25	**9.3**
有色金属冶炼和压延加工业	**3530**	**0**	0	0	0	**0**
金属制品业	**4580**	**15**	0	0	15	**0.3**
通用设备制造业	**5600**	**144**	144	0	0	**2.6**
专用设备制造业	**16 135**	**1097**	43	903	151	**6.8**
汽车制造业	**4373**	**37**	37	0	0	**0.8**
铁路、船舶、航空航天和其他运输设备制造业	**3003**	**0**	0	0	0	**0**
电气机械和器材制造业	**6108**	**66**	26	0	40	**1.1**
计算机、通信和其他电子设备制造业	**4407**	**235**	235	0	0	**5.3**
仪器仪表制造业	**2887**	**99**	16	45	38	**3.4**
其他制造业	**771**	**40**	0	0	40	**5.2**
废弃资源综合利用业	**865**	**0**	0	0	0	**0**
金属制品、机械和设备修理业	**35**	**0**	0	0	0	**0**
电力、热力、燃气及水生产和供应业	**8627**	**573**	**483**	**0**	**90**	**6.6**
电力、热力生产和供应业	**4109**	**399**	354	0	45	**9.7**
燃气生产和供应业	**2411**	**89**	89	0	0	**3.7**
水的生产和供应业	**2107**	**84**	39	0	45	**4.0**
建筑业	**11 869**	**4282**	**2231**	**2051**	**0**	**36.1**
房屋建筑业	**2770**	**870**	870	0	0	**31.4**
土木工程建筑业	**8734**	**3303**	1252	2051	0	**37.8**
建筑安装业	**10**	**0**	0	0	0	**0**
建筑装饰、装修和其他建筑业	**355**	**109**	109	0	0	**30.7**
批发和零售业	**346**	**122**	**122**	**0**	**0**	**35.3**
批发业	**196**	**122**	122	0	0	**62.2**

续表

服务行业	全国	京津冀合计	北京	天津	河北	京津冀占比（%）
零售业	**151**	**0**	0	0	0	**0**
交通运输、仓储和邮政业	**14 794**	**38**	**38**	**0**	**0**	**0.3**
铁路运输业	**0**	**0**	0	0	0	
道路运输业	**13 936**	**38**	38	0	0	**0.3**
水上运输业	**606**	**0**	0	0	0	**0**
航空运输业	**102**	**0**	0	0	0	**0**
管道运输业	**0**	**0**	0	0	0	
多式联运和运输代理业	**11**	**0**	0	0	0	**0**
装卸搬运和仓储业	**138**	**0**	0	0	0	**0**
邮政业	**0**	**0**	0	0	0	
住宿和餐饮业	**68**	**0**	**0**	**0**	**0**	**0**
住宿业	**6**	**0**	0	0	0	**0**
餐饮业	**63**	**0**	0	0	0	**0**
信息传输、软件和信息技术服务业	**23 361**	**933**	**10**	**316**	**607**	**4.0**
电信、广播电视和卫星传输服务	**163**	**0**	0	0	0	**0**
互联网和相关服务	**9719**	**101**	11	90	0	**1.0**
软件和信息技术服务业	**13 479**	**833**	0	226	607	**6.2**
金融业	**640**	**10**	**10**	**0**	**0**	**1.6**
货币金融服务	**402**	**10**	10	0	0	**2.5**
资本市场服务	**115**	**0**	0	0	0	**0**
保险业	**0**	**0**	0	0	0	
其他金融业	**123**	**0**	0	0	0	**0**
房地产业	**188**	**2**	**2**	**0**	**0**	**1.1**
房地产业	**188**	**2**	2	0	0	**1.1**
租赁和商务服务业	**3741**	**244**	**12**	**112**	**120**	**6.5**
租赁业	**0**	**0**	0	0	0	
商务服务业	**3741**	**244**	12	112	120	**6.5**
科学研究和技术服务业	**569 662**	**57 218**	**40 642**	**12 600**	**3976**	**10.0**
研究和试验发展	**287 278**	**35 826**	27 008	6505	2313	**12.5**
专业技术服务业	**230 265**	**10 209**	5713	4217	279	**4.4**
科技推广和应用服务业	**52 120**	**11 180**	7920	1878	1382	**21.5**

续表

服务行业	全国	京津冀合计	北京	天津	河北	京津冀占比（%）
水利、环境和公共设施管理业	**191 154**	**29 392**	**15 209**	**11 337**	**2846**	**15.4**
水利管理业	**35 369**	**4250**	1302	2441	507	**12.0**
生态保护和环境治理业	**143 690**	**21 670**	10 959	8652	2059	**15.1**
公共设施管理业	**10 370**	**3196**	2948	243	5	**30.8**
土地管理业	**1725**	**275**	0	0	275	**15.9**
居民服务、修理和其他服务业	**1827**	**0**	**0**	**0**	**0**	**0**
居民服务业	**358**	**0**	0	0	0	**0**
机动车、电子产品和日用产品修理业	**6**	**0**	0	0	0	**0**
其他服务业	**1462**	**0**	0	0	0	**0**
教育	**32 604**	**8658**	**6848**	**1810**	**0**	**26.6**
教育	**32 604**	**8658**	6848	1810	0	**26.6**
卫生和社会工作	**209 073**	**44 279**	**40 222**	**3407**	**650**	**21.2**
卫生	**209 072**	**44 279**	40 222	3407	650	**21.2**
社会工作	**0**	**0**	0	0	0	
文化、体育和娱乐业	**49 351**	**2225**	**1935**	**12**	**278**	**4.5**
新闻和出版业	**610**	**238**	165	0	73	**39.0**
广播、电视、电影和录音制作业	**5688**	**0**	0	0	0	**0**
文化艺术业	**40 874**	**1625**	1625	0	0	**4.0**
体育	**1082**	**364**	146	12	206	**33.6**
娱乐业	**1098**	**0**	0	0	0	**0**
公共管理、社会保障和社会组织	**35 431**	**2459**	**391**	**1971**	**97**	**6.9**
中国共产党机关	**5055**	**198**	0	158	40	**3.9**
国家机构	**27 353**	**1813**	186	1570	57	**6.6**
人民政协、民主党派	**33**	**12**	12	0	0	**36.4**
社会保障	**2204**	**194**	194	0	0	**8.8**
群众团体、社会团体和其他成员组织	**712**	**243**	0	243	0	**34.1**
基层群众自治组织及其他组织	**73**	**0**	0	0	0	**0**
国际组织	**171**	**0**	**0**	**0**	**0**	**0**
国际组织	**171**	**0**	0	0	0	**0**

表3-22 京津冀地方部门属研究与开发机构科技产出情况（2018 年）

项目	全国	京津冀合计	北京	天津	河北	京津冀占比（%）
发表科技论文（篇）	**62 332**	**6944**	4200	1215	1529	**11.1**
# 国外发表	**7907**	**1481**	1318	59	104	**18.7**
出版科技著作（种）	**2701**	**371**	271	47	53	**13.7**
专利申请数（件）	**13 087**	**1151**	667	185	299	**8.8**
# 发明专利	**7782**	**698**	410	106	182	**9.0**
有效发明专利（件）	**22 888**	**2364**	1543	363	458	**10.3**
专利所有权转让及许可数（件）	**424**	**37**	29		8	**8.7**
专利所有权转让及许可收入（万元）	**15 202**	**1705**	1610		95	**11.2**
形成国家或行业标准数（项）	**1561**	**145**	103	12	30	**9.3**

第四部分

工业企业

表4-1　京津冀规模以上工业企业基本情况（2013—2018年）

项目	2013年	2014年	2015年	2016年	2017年	2018年
企业数（个）						
全国	**369 741**	**377 868**	**383 153**	**378 599**	**372 729**	**378 440**
京津冀合计	**23 108**	**23 974**	**24 378**	**23 302**	**22 307**	**22 432**
北京	3641	3686	3548	3340	3231	3197
天津	5499	5489	5525	5198	4286	4292
河北	13 968	14 799	15 305	14 764	14 790	14 943
京津冀占比（%）	**6.2**	**6.3**	**6.4**	**6.2**	**6.0**	**5.9**
有研发机构的企业数（个）						
全国	**43 055**	**47 689**	**52 833**	**61 765**	**70 636**	**72 607**
京津冀合计	**2050**	**2269**	**2582**	**2542**	**2191**	**1786**
北京	498	654	661	607	546	483
天津	775	696	891	812	464	403
河北	777	919	1030	1123	1181	900
京津冀占比（%）	**4.8**	**4.8**	**4.9**	**4.1**	**3.1**	**2.5**
有R&D活动的企业数（个）						
全国	**54 832**	**63 676**	**73 570**	**86 891**	**102 218**	**104 820**
京津冀合计	**3644**	**4272**	**4613**	**4907**	**5124**	**4262**
北京	1059	1140	1141	1155	1192	1127
天津	1732	2046	2084	2051	1714	1387
河北	853	1086	1388	1701	2218	1748
京津冀占比（%）	**6.6**	**6.7**	**6.3**	**5.6**	**5.0**	**4.1**
R&D人员全时当量（人年）						
全国	**2 493 958**	**2 641 578**	**2 638 290**	**2 702 489**	**2 736 244**	**2 981 234**
京津冀合计	**191 260**	**211 917**	**214 516**	**212 450**	**189 735**	**169 165**
北京	58 036	57 761	50 773	51 143	52 719	46 929
天津	68 175	79 014	84 291	78 336	57 881	53 280
河北	65 049	75 142	79 452	82 971	79 135	68 956
京津冀占比（%）	**7.7**	**8.0**	**8.1**	**7.9**	**6.9**	**5.7**

续表

项目	2013 年	2014 年	2015 年	2016 年	2017 年	2018 年
R&D 经费内部支出（亿元）						
全国	**8318.4**	**9254.3**	**10 013.9**	**10 944.7**	**12 013.0**	**12 954.8**
京津冀合计	**745.8**	**817.0**	**882.6**	**913.5**	**861.2**	**908.9**
北京	213.1	233.5	244.1	254.8	269.1	274.0
天津	300.0	322.8	352.7	350.0	241.1	252.9
河北	232.7	260.7	285.8	308.7	351.0	382.0
京津冀占比（%）	**9.0**	**8.8**	**8.8**	**8.3**	**7.2**	**7.0**
营业收入（亿元）						
全国	**1 038 659.5**	**1 107 033**	**1 109 853**	**1 158 998.5**	**1 133 160.8**	**1 049 491**
京津冀合计		**95 367.1**	**92 483.0**	**92 953.8**	**78 816.1**	**79 628.8**
北京		19 776.7	18 864.9	19 747.0	20 722.0	21 958.8
天津		28 382.6	27 970.0	25 888.2	16 144.1	18 107.1
河北		47 207.8	45 648.1	47 318.6	41 950.0	39 562.9
京津冀占比（%）		**8.6**	**8.3**	**8.0**	**7.0**	**7.6**

表4-2　京津冀规模以上工业企业生产经营情况（2018 年）

单位：亿元

地区	资产总计	营业收入		利润总额
			# 新产品	
全国	**1 134 382.2**	**1 049 490.5**	**197 094.1**	**66 351.4**
京津冀合计	**113 320.9**	**79 628.8**	**13 221.2**	**4942.4**
北京	48 009.5	21 958.8	4136.6	1530.0
天津	20 939.6	18 107.1	3855.7	1200.7
河北	44 371.8	39 562.9	5228.9	2211.7
京津冀占比（%）	**10.0**	**7.6**	**6.7**	**7.4**

表4-3　京津冀规模以上工业企业 R&D 人员情况（2018 年）

地区	R&D 人员（人）	# 女性	R&D 人员全时当量（人年）	# 研究人员
全国	**4 261 170**	**951 481**	**2 981 234**	**934 631**
京津冀合计	**257 195**	**62 871**	**169 165**	**62 292**
北京	69 095	19 264	46 929	21 317
天津	81 115	20 288	53 280	19 112
河北	106 985	23 319	68 956	21 863
京津冀占比（%）	**6.0**	**6.6**	**5.7**	**6.7**

表4-4　京津冀规模以上工业企业 R&D 经费内部支出情况（2018 年）

单位：亿元

项目	全国	京津冀合计	北京	天津	河北	京津冀占比（%）
R&D 经费内部支出	**12 954.8**	**908.9**	274.0	252.9	382.0	**7.0**
# 试验发展支出	**12 524.7**	**870.5**	265.7	249.2	355.6	**7.0**
日常性支出	**11 712.4**	**833.8**	260.4	232.9	340.5	**7.1**
# 人员劳务费	**3875.3**	**286.2**	121.2	75.9	89.0	**7.4**
资产性支出	**1242.4**	**75.1**	13.6	20.0	41.5	**6.0**
# 仪器和设备	**1217.5**	**73.6**	13.3	19.6	40.7	**6.0**
政府资金	**423.3**	**33.5**	20.0	8.0	5.5	**7.9**
企业资金	**12 389.4**	**860.2**	245.8	239.0	375.5	**6.9**
境外资金	**45.6**	**3.3**	1.2	1.6	0.6	**7.2**
其他资金	**96.6**	**11.9**	7.1	4.4	0.4	**12.3**

表4-5　京津冀规模以上工业企业 R&D 经费外部支出情况（2018 年）

单位：万元

地区	R&D 经费外部支出	# 对境内研究机构支出	# 对境内高等学校支出
全国	**8 699 801**	**3 384 804**	**643 805**
京津冀合计	**616 989**	**171 566**	**43 917**
北京	340 235	130 084	15 690
天津	115 181	19 773	9998
河北	161 573	21 709	18 229
京津冀占比（%）	**7.1**	**5.1**	**6.8**

表4-6 京津冀规模以上工业企业 R&D 项目情况（2018 年）

地区	项目数（项）	项目人员折合全时当量（人年）	项目经费支出（亿元）
全国	**472 299**	**2 773 281**	**12 333.5**
京津冀合计	**28 400**	**154 127**	**843.4**
北京	7039	42 208	244.7
天津	11 440	48 854	236.7
河北	9921	63 065	362.0
京津冀占比（%）	**6.0**	**5.6**	**6.8**

表4-7 京津冀规模以上工业企业办研发机构情况（2018 年）

地区	机构数（个）	机构人员（人）		机构经费支出（亿元）	仪器和设备原价（亿元）
			# 博士和硕士		
全国	**83 115**	**3 182 794**	**423 580**	**10 321.3**	**8047.8**
京津冀合计	**2176**	**146 099**	**26 893**	**503.2**	**504.8**
北京	572	40 528	11 913	193.8	111.7
天津	481	35 643	6178	101.7	122.6
河北	1123	69 928	8802	207.7	270.5
京津冀占比（%）	**2.6**	**4.6**	**6.3**	**4.9**	**6.3**

表4-8 京津冀规模以上工业企业新产品开发和销售情况（2018 年）

地区	新产品开发项目数（项）	新产品开发经费支出（亿元）	新产品销售收入（亿元）	
				# 出口
全国	**558 305.0**	**14 987.2**	**197 094.1**	**36 160.8**
京津冀合计	**34 256.0**	**960.5**	**13 221.2**	**1844.2**
北京	11 010.0	360.3	4136.6	535.5
天津	11 797.0	213.8	3855.7	841.6
河北	11 449.0	386.4	5228.9	467.2
京津冀占比（%）	**6.1**	**6.4**	**6.7**	**5.1**

表4-9　京津冀规模以上工业企业专利情况（2018 年）

单位：件

地区	专利申请数	#发明专利	有效发明专利数
全国	**957 298**	**371 569**	**1 094 200**
京津冀合计	**52 413**	**21 392**	**85 020**
北京	20 655	10 386	42 851
天津	15 051	4939	23 407
河北	16 707	6067	18 762
京津冀占比（%）	**5.5**	**5.8**	**7.8**

表4-10　京津冀规模以上工业企业技术获取和技术改造情况（2018 年）

单位：亿元

地区	引进技术经费支出	消化吸收经费支出	购买境内技术经费支出	技术改造经费支出
全国	**465.3**	**91.0**	**440.2**	**3233.4**
京津冀合计	**32.9**	**2.6**	**23.6**	**228.3**
北京	23.3	1.1	16.6	68.0
天津	6.1	0.6	0.5	46.1
河北	3.5	0.9	6.5	114.2
京津冀占比（%）	**7.1**	**2.8**	**5.4**	**7.1**

第五部分

高等学校

表5-1　京津冀高等学校基本情况（2013—2018 年）

项目	2013 年	2014 年	2015 年	2016 年	2017 年	2018 年
R&D 人员全时当量（人年）						
全国	**324 751**	**334 794**	**354 861**	**360 049**	**382 160**	**410 893**
京津冀合计	**45 961**	**53 771**	**55 865**	**53 364**	**57 703**	**60 126**
北京	29 495	33 557	34 460	32 327	35 207	36 546
天津	9459	11 159	11 369	10 355	10 664	11 752
河北	7007	9055	10 036	10 682	11 832	11 828
京津冀占比（%）	**14.2**	**16.1**	**15.7**	**14.8**	**15.1**	**14.6**
R&D 经费内部支出（亿元）						
全国	**856.7**	**898.1**	**998.6**	**1072.2**	**1266.0**	**1457.9**
京津冀合计	**197.7**	**214.0**	**236.6**	**240.1**	**267.9**	**300.6**
北京	136.6	145.7	162.6	160.4	182.8	215.5
天津	50.8	57.1	61.2	63.7	64.1	60.9
河北	10.2	11.2	12.7	15.9	21.0	24.2
京津冀占比（%）	**23.1**	**23.8**	**23.7**	**22.4**	**21.2**	**20.6**
R&D 课题数（项）						
全国	**711 010**	**766 731**	**841 520**	**894 279**	**966 780**	**1 076 903**
京津冀合计	**112 015**	**122 460**	**134 439**	**137 159**	**144 576**	**158 818**
北京	76 331	83 455	92 243	91 089	96 187	105 930
天津	18 875	20 268	21 801	22 503	23 157	25 764
河北	16 809	18 737	20 395	23 567	25 232	27 124
京津冀占比（%）	**15.8**	**16.0**	**16.0**	**15.3**	**15.0**	**14.7**
发表科技论文（篇）						
全国	**1 127 210**	**1 152 147**	**1 220 467**	**1 267 881**	**1 308 110**	**1 389 912**
京津冀合计	**171 094**	**173 134**	**182 167**	**184 357**	**193 795**	**199 354**
北京	113 220	115 143	118 985	118 193	127 627	129 562
天津	26 869	28 769	32 619	29 977	28 644	35 322
河北	31 005	29 222	30 563	36 187	37 524	34 470
京津冀占比（%）	**15.2**	**15.0**	**14.9**	**14.5**	**14.8**	**14.3**

续表

项目	2013 年	2014 年	2015 年	2016 年	2017 年	2018 年
专利申请数（件）						
全国	**133 865**	**149 961**	**190 351**	**236 665**	**277 524**	**320 790**
京津冀合计	**31 945**	**18 534**	**22 206**	**25 838**	**28 785**	**33 252**
北京	26 178	11 503	13 363	14 960	15 270	17 479
天津	4442	5281	5691	6044	7877	10 012
河北	1325	1750	3152	4834	5638	5761
京津冀占比（%）	**23.9**	**12.4**	**11.7**	**10.9**	**10.4**	**10.4**
有效发明专利（件）						
全国	**138 893**	**157 971**	**201 492**	**245 289**	**303 283**	**357 010**
京津冀合计	**31 574**	**35 457**	**46 299**	**49 548**	**60 411**	**66 986**
北京	26 165	29 344	38 050	39 047	47 511	52 806
天津	4299	5023	6223	7004	8409	10 171
河北	1110	1090	2026	3497	4491	4009
京津冀占比（%）	**22.7**	**22.4**	**23.0**	**20.2**	**19.9**	**18.8**

表5-2　京津冀高等学校 R&D 人员情况（2018 年）

项目	**全国**	**京津冀合计**	北京	天津	河北	**京津冀占比（%）**
学校数（个）	**2663**	**270**	92	56	122	**10.1**
从业人员（人）	**3 251 779**	**386 546**	180 835	62 954	142 757	**11.9**
R&D 人员合计（人）	**984 292**	**145 440**	85 855	26 141	33 444	**14.8**
# 女性	**428 250**	**68 906**	39 300	11 330	18 276	**16.1**
# 博士毕业	**311 079**	**53 340**	37 905	9191	6244	**17.1**
硕士毕业	**404 436**	**52 276**	24 672	10 047	17 557	**12.9**
本科毕业	**237 762**	**34 229**	18 942	6237	9050	**14.4**
# 全时人员	**359 919**	**53 558**	34 621	10 478	8459	**14.9**
R&D 人员全时当量（人年）	**410 893**	**60 126**	36 546	11 752	11 828	**14.6**
# 研究人员	**352 836**	**51 372**	30 657	10 168	10 547	**14.6**
基础研究	**191 315**	**24 391**	15 316	4430	4645	**12.7**
应用研究	**196 880**	**33 073**	20 350	5942	6781	**16.8**
试验发展	**22 699**	**2663**	881	1380	402	**11.7**

表5-3　京津冀高等学校 R&D 经费内部支出按活动类型分布（2018 年）

单位：万元

地区	R&D 经费内部支出	基础研究	应用研究	试验发展
全国	**14 578 820**	**5 898 558**	**7 114 975**	**1 565 288**
京津冀合计	**3 006 099**	**1 120 343**	**1 566 896**	**318 860**
北京	2 154 934	850 556	1 113 950	190 428
天津	609 408	166 547	327 008	115 853
河北	241 757	103 240	125 938	12 579
京津冀占比（%）	**20.6**	**19.0**	**22.0**	**20.4**

表5-4　京津冀高等学校 R&D 经费内部支出按支出用途分布（2018 年）

单位：万元

地区	R&D 经费内部支出	日常性支出	# 人员劳务费	资产性支出	# 仪器和设备支出
全国	**14 578 820**	**11 632 945**	**2 825 463**	**2 945 875**	**2 168 244**
京津冀合计	**3 006 099**	**2 492 515**	**520 052**	**513 584**	**358 873**
北京	2 154 934	1 876 720	409 152	278 214	241 442
天津	609 408	428 503	65 034	180 905	75 337
河北	241 757	187 292	45 866	54 465	42 094
京津冀占比（%）	**20.6**	**21.4**	**18.4**	**17.4**	**16.6**

表5-5　京津冀高等学校 R&D 经费内部支出按经费来源分布（2018 年）

单位：万元

地区	R&D 经费内部支出	政府资金	企业资金	国外资金	其他资金
全国	**14 578 820**	**9 722 603**	**3 871 644**	**58 099**	**926 474**
京津冀合计	**3 006 099**	**2 079 290**	**830 219**	**35 501**	**61 088**
北京	2 154 934	1 495 161	607 720	33 527	18 526
天津	609 408	426 926	163 262	1972	17 247
河北	241 757	157 203	59 237	2	25 315
京津冀占比（%）	**20.6**	**21.4**	**21.4**	**61.1**	**6.6**

表5-6　京津冀高等学校 R&D 课题（2018 年）

地区	R&D 课题数（项）	投入人员（人年）	投入经费（万元）
全国	**1 076 903**	**410 746**	**9 887 969**
京津冀合计	**158 818**	**60 092**	**2 177 999**
北京	105 930	36 539	1 633 034
天津	25 764	11 741	443 045
河北	27 124	11 812	101 920
京津冀占比（%）	**14.7**	**14.6**	**22.0**

表5-7　京津冀高等学校科技产出情况（2018 年）

项目	全国	京津冀合计	北京	天津	河北	京津冀占比（%）
发表科技论文（篇）	**1 389 912**	**199 354**	129 562	35 322	34 470	**14.3**
# 国外发表	**459 492**	**73 675**	51 391	14 634	7650	**16.0**
出版科技著作（种）	**44 794**	**6841**	4617	776	1448	**15.3**
专利申请数（件）	**320 790**	**33 252**	17 479	10 012	5761	**10.4**
# 发明专利	**191 964**	**23 736**	14 550	6964	2222	**12.4**
有效发明专利（件）	**357 010**	**66 986**	52 806	10 171	4009	**18.8**
专利所有权转让及许可数（件）	**6265**	**708**	514	92	102	**11.3**
专利所有权转让及许可收入（万元）	**189 681**	**54 429**	52 995	719	715	**28.7**
形成国家或行业标准数（项）	**766**	**107**	98		9	**14.0**

第六部分

高技术产业

表6-1　京津冀高技术产业基本情况（2013—2018 年）

项目	2013 年	2014 年	2015 年	2016 年	2017 年	2018 年
企业数（个）						
全国	**26 894**	**27 939**	**29 631**	**30 798**	**32 027**	**33 573**
京津冀合计	**1871**	**1944**	**2029**	**1961**		**1901**
北京	782	805	805	795		799
天津	585	583	591	533	457	452
河北	504	556	633	633		650
京津冀占比（%）	**7.0**	**7.0**	**6.8**	**6.4**		**5.7**
研发机构数（个）						
全国	**8972**	**9785**	**11 265**	**13 741**	**15 696**	**16 052**
京津冀合计	**496**	**568**	**619**	**608**	**566**	**490**
北京	250	304	313	293	264	228
天津	124	116	139	133	111	103
河北	122	148	167	182	191	159
京津冀占比（%）	**5.5**	**5.8**	**5.5**	**4.4**	**3.6**	**3.1**
R&D 人员全时当量（人年）						
全国	**670 222**	**701 440**	**726 983**	**730 681**	**747 310**	**824 567**
京津冀合计	**45 909**	**50 759**	**60 698**	**54 898**	**54 508**	**46 023**
北京	23 707	23 741	22 344	23 138	23 611	21 991
天津	13 242	16 062	24 660	17 609	16 234	13 550
河北	8960	10 956	13 694	14 151	14 663	10 482
京津冀占比（%）	**6.8**	**7.2**	**8.3**	**7.5**	**7.3**	**5.6**
R&D 经费内部支出（亿元）						
全国	**2034.3**	**2274.3**	**2626.7**	**2916.7**	**3182.6**	**3559.1**
京津冀合计	**172.9**	**191.6**	**241.1**	**240.7**	**241.4**	**245.9**
北京	106.5	110.8	120.2	129.9	131.8	134.2
天津	45.1	51.0	82.2	69.9	66.5	68.1
河北	21.7	29.8	38.7	40.9	43.1	43.6
京津冀占比（%）	**8.5**	**8.4**	**9.2**	**8.3**	**7.6**	**6.9**

续表

项目	2013 年	2014 年	2015 年	2016 年	2017 年	2018 年
营业收入（亿元）[①]						
全国	**116 048.9**	**127 367.7**	**139 968.6**	**153 796.3**	**159 376**	**157 001**
京津冀合计	**9450.6**	**9942.3**	**9937.0**	**9907.1**		**9577**
北京	3826.1	4151.6	3997.0	4308.5		5314
天津	4243.5	4282.0	4234.0	3762.5	2728.7	2667
河北	1381.0	1508.7	1706.0	1836.1		1596
京津冀占比（%）	**8.1**	**7.8**	**7.1**	**6.4**		**6.1**

表6-2　京津冀高技术产业生产经营情况（2018 年）

地区	企业数（个）	从业人员平均人数（人）	营业收入（亿元）	利润总额（亿元）
全国	**33 573**	**13 176 645**	**157 000.97**	**10 292.81**
京津冀合计	**1901**	**645 340**	**9576.39**	**682.80**
北京	799	261 216	5313.62	400.54
天津	452	186 944	2666.83	156.99
河北	650	197 180	1595.95	125.26
京津冀占比（%）	**5.66**	**4.90**	**6.10**	**6.63**

表6-3　京津冀高技术产业 R&D 人员情况（2018 年）

地区	有 R&D 活动的企业数（个）	R&D 人员（人）		
			# 全时人员	# 研究人员
全国	**17 248**	**1 146 426**	**913 476**	**427 451**
京津冀合计	**938**	**67 044**	**54 070**	**29 854**
北京	466	30 389	24 844	14 278
天津	238	21 036	16 891	9375
河北	234	15 619	12 335	6201
京津冀占比（%）	**5.4**	**5.8**	**5.9**	**7.0**

① 2013—2017 年的数据口径为主营业务收入，2018 年的数据口径为营业收入。

表6-4　京津冀高技术产业新产品开发及销售情况（2018 年）

地区	新产品开发项目数（项）	新产品开发经费支出（亿元）	新产品销售收入（亿元）	
				# 出口
全国	**131 634**	**4638.9**	**56 894.2**	**19 332.0**
京津冀合计	**9539**	**293.6**	**3638.7**	**1134.9**
北京	4951	174.6	2028.1	424.5
天津	2562	68.7	1084.4	597.8
河北	2026	50.3	526.2	112.6
京津冀占比（%）	**7.2**	**6.3**	**6.4**	**5.9**

表6-5　京津冀高技术产业 R&D 经费（2018 年）

单位：亿元

地区	R&D 经费内部支出					R&D 经费外部支出
		# 人员劳务费	# 仪器和设备	# 政府资金	# 企业资金	
全国	**3559.1**	**1460.7**	**352.4**	**204.7**	**3323.7**	**444.2**
京津冀合计	**245.9**	**102.8**	**20.4**	**19.5**	**216.7**	**36.2**
北京	134.2	60.4	8.1	12.2	115.4	24.2
天津	68.1	27.6	7.4	5.6	59.5	6.3
河北	43.6	14.8	4.9	1.7	41.9	5.7
京津冀占比（%）	**6.9**	**7.0**	**5.8**	**9.5**	**6.5**	**8.1**

表6-6　京津冀高技术产业专利情况（2018 年）

单位：件

地区	专利申请数		有效发明专利数
		# 发明专利	
全国	**264 736**	**137 633**	**425 137**
京津冀合计	**11 888**	**6801**	**34 630**
北京	7796	5013	24 753
天津	2459	1069	6504
河北	1633	719	3373
京津冀占比（%）	**4.5**	**4.9**	**8.1**

表6–7　京津冀高技术产业技术获取及技术改造情况（2018 年）

单位：万元

地区	技术引进经费支出	消化吸收经费支出	购买境内技术经费支出	技术改造经费支出
全国	**1 396 130**	**118 475**	**2 394 346**	**5 565 951**
京津冀合计	**88 371**	**3762**	**155 910**	**64 546**
北京	53 926		144 375	8778
天津	30 156		2083	13 116
河北	4289	3762	9452	42 652
京津冀占比（%）	**6.3**	**3.2**	**6.5**	**1.2**

表6–8　京津冀高技术产业企业办研发机构情况（2018 年）

地区	有研发机构的企业数（个）	机构数（个）	机构人员（人）	机构经费支出（亿元）	
					# 仪器和设备
全国	**13 179**	**16 052**	**1 011 294**	**36 984 023**	**23 793 188**
京津冀合计	**405**	**490**	**39 620**	**1 379 333**	**1 379 797**
北京	194	228	15 119	721 194	630 284
天津	86	103	13 425	394 569	541 118
河北	125	159	11 076	263 570	208 395
京津冀占比（%）	**3.1**	**3.1**	**3.9**	**3.7**	**5.8**

表6–9　京津冀高技术产业投资增长情况（2018 年）

单位：%

地区	全部投资	国有	内资	港澳台投资	外商投资
全国	**16.1**	**15.0**	**15.0**	**2.7**	**33.4**
北京	–41.6	–39.2	–19.1	–20.5	–62.5
天津	–9.3	–9.7	–45.9	95.1	32.5
河北	8.3	123.9	7.6	15.6	39.5

表6-10　京津冀高技术产品进出口贸易情况（2018 年）

单位：亿美元

地区	出口贸易额	进口贸易额	进出口贸易总额
全国	**7430.44**	**6655.21**	**14 085.65**
京津冀合计	**336.94**	**587.8**	**924.74**
北京	150.31	274.73	425.04
天津	158.08	288.58	446.66
河北	28.55	24.49	53.04
京津冀占比（%）	**4.5**	**8.8**	**6.6**

第七部分

创新产出

表7-1　京津冀国内发明专利申请受理数按地区分布（2013—2018 年）

单位：件

地区	2013 年	2014 年	2015 年	2016 年	2017 年	2018 年
全国	**704 936**	**801 135**	**968 251**	**1 204 981**	**1 245 709**	**1 393 815**
京津冀合计	**96 829**	**109 852**	**128 699**	**156 937**	**138 801**	**163 279**
北京	67 554	78 129	88 930	104 643	99 167	117 664
天津	21 946	23 391	28 510	38 153	25 652	26 661
河北	7329	8332	11 259	14 141	13 982	18 954
京津冀占比（%）	**13.7**	**13.7**	**13.3**	**13.0**	**11.1**	**11.7**

表7-2　京津冀国内实用新型专利申请受理数按地区分布（2013—2018 年）

单位：件

地区	2013 年	2014 年	2015 年	2016 年	2017 年	2018 年
全国	**885 226**	**861 053**	**1 119 714**	**1 468 295**	**1 679 807**	**2 063 860**
京津冀合计	**97 501**	**99 989**	**124 734**	**158 338**	**161 209**	**188 213**
北京	47 586	48 228	53 243	64 496	68 400	70 507
天津	34 134	35 068	46 845	63 589	56 675	66 535
河北	15 781	16 693	24 646	30 253	36 134	51 171
京津冀占比（%）	**11.0**	**11.6**	**11.1**	**10.8**	**9.6**	**9.1**

表7-3　京津冀国内外观设计专利申请受理数按地区分布（2013—2018 年）

单位：件

地区	2013 年	2014 年	2015 年	2016 年	2017 年	2018 年
全国	**644 398**	**548 428**	**551 481**	**631 949**	**610 817**	**689 097**
京津冀合计	**17 540**	**21 692**	**26 902**	**35 206**	**34 202**	**42 543**
北京	8196	11 754	14 139	19 990	18 361	23 041
天津	4835	4963	4608	4772	4669	5842
河北	4509	4975	8155	10 444	11 172	13 660
京津冀占比（%）	**2.7**	**4.0**	**4.9**	**5.6**	**5.6**	**6.2**

表7-4　京津冀国内发明专利申请授权数按地区分布（2013—2018 年）

单位：件

地区	2013 年	2014 年	2015 年	2016 年	2017 年	2018 年
全国	**143 535**	**162 680**	**263 436**	**302 136**	**326 970**	**345 959**
京津冀合计	**25 844**	**28 802**	**43 772**	**50 034**	**56 862**	**57 730**
北京	20 695	23 237	35 308	40 602	46 091	46 978
天津	3141	3279	4624	5185	5844	5626
河北	2008	2286	3840	4247	4927	5126
京津冀占比（%）	**18.0**	**17.7**	**16.6**	**16.6**	**17.4**	**16.7**

表7-5　京津冀国内实用新型专利申请授权数按地区分布（2013—2018 年）

单位：件

地区	2013 年	2014 年	2015 年	2016 年	2017 年	2018 年
全国	**686 208**	**699 971**	**868 734**	**897 035**	**967 416**	**1 471 759**
京津冀合计	**68 098**	**78 446**	**93 362**	**95 518**	**100 205**	**140 112**
北京	36 301	44 071	45 773	44 710	46 011	59 219
天津	18 759	20 122	28 486	31 046	32 353	44 683
河北	13 038	14 253	19 103	19 762	21 841	36 210
京津冀占比（%）	**9.9**	**11.2**	**10.7**	**10.6**	**10.4**	**9.5**

表7-6　京津冀国内外观设计专利申请授权数按地区分布（2013—2018 年）

单位：件

地区	2013 年	2014 年	2015 年	2016 年	2017 年	2018 年
全国	**398 670**	**346 751**	**464 807**	**429 710**	**426 442**	**517 693**
京津冀合计	**11 771**	**13 896**	**24 369**	**26 586**	**26 904**	**32 228**
北京	5675	7353	12 950	15 266	14 846	17 299
天津	2956	2950	4232	3503	3478	4371
河北	3140	3593	7187	7817	8580	10 558
京津冀占比（%）	**3.0**	**4.0**	**5.2**	**6.2**	**6.3**	**6.2**

表7-7　京津冀国内有效发明专利数按地区分布（2013—2018 年）

单位：件

地区	2013 年	2014 年	2015 年	2016 年	2017 年	2018 年
全国	**586 493**	**708 690**	**921 757**	**1 158 203**	**1 413 911**	**1 662 269**
京津冀合计	**105 139**	**127 440**	**163 812**	**205 140**	**255 420**	**298 287**
北京	85 434	103 638	133 040	166 722	205 320	241 282
天津	12 301	14 736	18 493	22 663	28 601	32 066
河北	7404	9066	12 279	15 755	21 499	24 939
京津冀占比（%）	**17.9**	**18.0**	**17.8**	**17.7**	**18.1**	**17.9**

表7-8　京津冀国内有效实用新型专利数按地区分布（2013—2018 年）

单位：件

地区	2013 年	2014 年	2015 年	2016 年	2017 年	2018 年
全国	**1 917 122**	**2 265 224**	**2 700 833**	**3 118 410**	**3 563 389**	**4 359 926**
京津冀合计	**193 845**	**248 102**	**306 911**	**362 009**	**415 950**	**491 548**
北京	109 706	143 723	175 610	203 533	231 317	263 909
天津	46 746	58 611	73 557	89 667	103 917	123 971
河北	37 393	45 768	57 744	68 809	80 716	103 668
京津冀占比（%）	**10.1**	**11.0**	**11.4**	**11.6**	**11.7**	**11.3**

表7-9　京津冀国内有效外观设计专利数按地区分布（2013—2018 年）

单位：件

地区	2013 年	2014 年	2015 年	2016 年	2017 年	2018 年
全国	**1 132 314**	**1 058 448**	**1 169 766**	**1 250 570**	**1 346 915**	**1 495 596**
京津冀合计	**43 580**	**49 282**	**64 328**	**80 450**	**96 768**	**108 937**
北京	24 103	27 306	36 266	47 411	58 304	64 738
天津	9493	10 281	11 725	12 113	12 388	12 842
河北	9984	11 695	16 337	20 926	26 076	31 357
京津冀占比（%）	**3.8**	**4.7**	**5.5**	**6.4**	**7.2**	**7.3**

表7-10 京津冀国防专利情况（2013—2018 年）

单位：件

项目	2013 年	2014 年	2015 年	2016 年	2017 年	2018 年
国防专利申请数						
全国	**10 578**	**4962**	**12 749**	**13 028**	**12 283**	**14 045**
京津冀合计	**4138**	**1960**	**4777**	**4661**	**4465**	**5059**
北京	3765	1849	4227	4167	3968	4502
天津	154	17	282	281	290	254
河北	219	94	268	213	207	303
京津冀占比（%）	**39.1**	**39.5**	**37.5**	**35.8**	**36.4**	**36.0**
国防专利授权数						
全国	**6027**	**10 108**	**10 786**	**6830**	**7243**	**5748**
京津冀合计	**2571**	**3935**	**4515**	**2720**	**2769**	**2236**
北京	2407	3572	4087	2526	2495	1915
天津	62	205	176	75	133	191
河北	102	158	252	119	141	130
京津冀占比（%）	**42.7**	**38.9**	**41.9**	**39.8**	**38.2**	**38.9**
国防有效专利数						
全国	**15 126**	**24 336**	**34 575**	**40 812**	**40 964**	**43 634**
京津冀合计	**5916**	**9607**	**13 998**	**16 526**	**16 926**	**18 152**
北京	5506	8845	12 819	15 164	15 443	16 450
天津	182	386	561	631	735	886
河北	228	376	618	731	748	816
京津冀占比（%）	**39.1**	**39.5**	**40.5**	**40.5**	**41.3**	**41.6**

表7-11 京津冀商标注册申请与注册情况（2018 年）

单位：件

地区	申请数	核准注册	1991—2018 年核准注册商标	截至 2018 年底有效注册量
全国	**7 127 032**	**4 796 851**	**20 192 568**	**18 048 808**
京津冀合计	**863 949**	**580 799**	**2 464 536**	**2 197 678**
北京	580 855	389 175	1 661 651	1 500 496
天津	64 234	41 496	232 164	196 319
河北	218 860	150 128	570 721	500 863
京津冀占比（%）	**12.1**	**12.1**	**12.2**	**12.2**

表7-12　京津冀技术市场技术开发合同按地域分布情况（合同数）（2013—2018 年）

单位：项

地区	2013 年	2014 年	2015 年	2016 年	2017 年	2018 年
全国	**153 959**	**148 946**	**153 433**	**148 582**	**169 466**	**180 431**
京津冀合计	**31 865**	**31 443**	**32 746**	**33 089**	**33 860**	**37 980**
北京	24 174	24 144	25 857	26 465	25 936	29 496
天津	4372	4515	4078	3969	4685	4329
河北	3319	2784	2811	2655	3239	4155
京津冀占比（%）	**20.7**	**21.1**	**21.3**	**22.3**	**20.0**	**21.0**

表7-13　京津冀技术市场技术转让合同按地域分布情况（合同数）（2013—2018 年）

单位：项

地区	2013 年	2014 年	2015 年	2016 年	2017 年	2018 年
全国	**11 797**	**12 499**	**12 787**	**12 556**	**16 698**	**15 381**
京津冀合计	**1428**	**1770**	**1533**	**1576**	**2101**	**1723**
北京	783	821	829	858	1121	907
天津	316	398	375	360	574	328
河北	329	551	329	358	406	488
京津冀占比（%）	**12.1**	**14.2**	**12.0**	**12.6**	**12.6**	**11.2**

表7-14　京津冀技术市场技术咨询合同按地域分布情况（合同数）（2013—2018 年）

单位：项

地区	2013 年	2014 年	2015 年	2016 年	2017 年	2018 年
全国	**32 564**	**27 911**	**33 559**	**24 447**	**26 735**	**29 828**
京津冀合计	**4661**	**4450**	**4889**	**4629**	**4604**	**4594**
北京	2695	2441	3246	3404	3051	3391
天津	1619	1646	1331	847	1023	624
河北	347	363	312	378	530	579
京津冀占比（%）	**14.3**	**15.9**	**14.6**	**18.9**	**17.2**	**15.4**

表7–15 京津冀技术市场技术服务合同按地域分布情况（合同数）（2013—2018 年）

单位：项

地区	2013 年	2014 年	2015 年	2016 年	2017 年	2018 年
全国	**96 609**	**107 681**	**107 353**	**134 852**	**154 687**	**186 345**
京津冀合计	**24 512**	**27 061**	**26 400**	**32 754**	**33 696**	**36 797**
北京	17 756	19 609	20 208	24 753	25 836	27 419
天津	4627	5035	3655	4436	3926	4028
河北	2129	2417	2537	3565	3934	5350
京津冀占比（%）	**25.4**	**25.1**	**24.6**	**24.3**	**21.8**	**19.7**

表7–16 京津冀技术市场技术开发合同按地域分布情况（合同金额）（2013—2018 年）

单位：亿元

地区	2013 年	2014 年	2015 年	2016 年	2017 年	2018 年
全国	**2773.4**	**2949.0**	**3047.2**	**3479.6**	**4748.5**	**5888.5**
京津冀合计	**555.6**	**708.2**	**609.2**	**678.5**	**764.8**	**1013.8**
北京	464.2	575.8	501.6	582.4	641.1	831.9
天津	53.6	87.8	70.4	58.7	46.7	65.5
河北	37.8	44.6	37.2	37.5	76.9	116.4
京津冀占比（%）	**20.0**	**24.0**	**20.0**	**19.5**	**16.1**	**17.2**

表7–17 京津冀技术市场技术转让合同按地域分布情况（合同金额）（2013—2018 年）

单位：亿元

地区	2013 年	2014 年	2015 年	2016 年	2017 年	2018 年
全国	**1083.8**	**1137.2**	**1466.5**	**1607.9**	**1400.3**	**1609.7**
京津冀合计	**80.8**	**102.9**	**107.2**	**122.9**	**246.2**	**239.1**
北京	35.4	35.2	41.7	38.3	127.0	146.3
天津	31.9	41.2	47.8	63.7	94.7	62.5
河北	13.4	26.6	17.7	20.8	24.5	30.3
京津冀占比（%）	**7.5**	**9.1**	**7.3**	**7.6**	**17.6**	**14.9**

表7-18　京津冀技术市场技术咨询合同按地域分布情况（合同金额）（2013—2018 年）

单位：亿元

地区	2013 年	2014 年	2015 年	2016 年	2017 年	2018 年
全国	**195.1**	**244.3**	**263.1**	**468.3**	**449.2**	**564.6**
京津冀合计	**38.8**	**78.6**	**58.3**	**122.8**	**191.7**	**68.0**
北京	27.2	58.1	42.8	80.9	137.6	41.5
天津	7.7	14.9	12.4	30.4	44.9	11.2
河北	3.9	5.5	3.1	11.4	9.1	15.4
京津冀占比（%）	**19.9**	**32.2**	**22.1**	**26.2**	**42.7**	**12.0**

表7-19　京津冀技术市场技术服务合同按地域分布情况（合同金额）（2013—2018 年）

单位：亿元

地区	2013 年	2014 年	2015 年	2016 年	2017 年	2018 年
全国	**3416.9**	**4246.7**	**5059.0**	**5851.1**	**6826.2**	**9634.6**
京津冀合计	**602.8**	**838.6**	**848.9**	**1402.6**	**1409.4**	**1769.5**
北京	418.6	565.6	561.5	1051.6	981.8	1227.5
天津	142.9	196.8	200.2	236.3	234.9	208.4
河北	41.3	76.2	87.3	114.6	192.7	333.6
京津冀占比（%）	**17.6**	**19.7**	**16.8**	**24.0**	**20.6**	**18.4**

表7-20　京津冀国外技术引进合同情况（2018 年）

地区	合同数（项）	合同金额（亿美元）	
			# 技术费
全国	**7147**	**331.3**	**322.7**
京津冀合计	**734**	**38.8**	**35.9**
北京	510	26.9	24.4
天津	147	9.2	8.9
河北	77	2.7	2.6
京津冀占比（%）	**10.3**	**11.7**	**11.1**

第八部分

国家高新技术产业开发区

表8–1　京津冀国家高新区基本情况（2013—2018年）

项目	2013年	2014年	2015年	2016年	2017年	2018年
国家高新区数（个）						
全国	**114**	**115**	**146**	**146**	**156**	**169**
京津冀合计	**7**	**7**	**7**	**7**	**7**	**7**
北京	1	1	1	1	1	1
天津	1	1	1	1	1	1
河北	5	5	5	5	5	5
京津冀占比（%）	**6.1**	**6.1**	**4.8**	**4.8**	**4.5**	**4.1**
工商注册企业数（个）						
全国	**520 486**	**763 191**	**964 750**	**1 405 173**	**1 852 665**	**2 317 764**
京津冀合计	**67 029**	**202 092**	**218 606**	**436 323**	**509 587**	**551 899**
北京	45 260	176 398	188 398	398 845	459 311	482 799
天津	7547	8289	9076	10 790	15 211	25 791
河北	14 222	17 405	21 132	26 688	35 065	43 309
京津冀占比（%）	**12.9**	**26.5**	**22.7**	**31.1**	**27.5**	**23.8**
入统企业数（个）						
全国	**71 180**	**74 275**	**82 712**	**91 093**	**103 631**	**120 057**
京津冀合计	**19 737**	**20 286**	**22 022**	**25 373**	**27 801**	**28 675**
北京	15 455	15 645	16 693	19 869	22 013	22 110
天津	3175	3437	3963	4005	4073	4251
河北	1107	1204	1366	1499	1715	2314
京津冀占比（%）	**27.7**	**27.3**	**26.6**	**27.9**	**26.8**	**23.8**
科技活动人员（人）						
全国	**2 585 911**	**2 826 037**	**3 117 292**	**3 385 933**	**3 783 964**	**4 280 661**
京津冀合计	**524 760**	**548 283**	**722 562**	**788 586**	**860 744**	**905 601**
北京	411 088	433 410	604 674	660 727	735 847	784 720
天津	62 910	62 850	61 646	66 787	63 185	55 768
河北	50 762	52 023	56 242	61 072	61 712	65 113
京津冀占比（%）	**20.3**	**19.4**	**23.2**	**23.3**	**22.7**	**21.2**

续表

项目	2013 年	2014 年	2015 年	2016 年	2017 年	2018 年
R&D 人员全时当量（人年）						
全国	**1 159 233**	**1 212 774**	**1 130 382**	**1 283 327**	**1 590 137**	**1 772 053**
京津冀合计	**170 040**	**179 403**	**185 496**	**213 751**	**226 927**	**218 039**
北京	124 858	125 597	138 391	148 982	182 450	166 350
天津	14 583	21 761	21 013	29 083	24 309	25 158
河北	30 599	32 045	26 092	35 686	20 168	26 531
京津冀占比（%）	**14.7**	**14.8**	**16.4**	**16.7**	**14.3**	**12.3**
科技活动经费内部支出（亿元）						
全国	**5643.4**	**6704.4**	**7578.3**	**8524.9**	**10 161.5**	**12 675.0**
京津冀合计	**1310.2**	**1530.5**	**1904.5**	**1991.0**	**2364**	**2855**
北京	1034.4	1236.5	1581.8	1698.2	2100.9	2580.6
天津	174.4	188.0	204.6	171.0	130.7	124.0
河北	101.4	106.0	118.1	121.8	132.4	150.4
京津冀占比（%）	**23.2**	**22.8**	**25.1**	**23.4**	**23.3**	**22.5**

表8-2 京津冀国家高新区企业数量及主要经济指标（2018 年）

地区	高新技术企业数（个）	工业总产值（亿元）	净利润（亿元）	上缴税费（亿元）	出口总额（亿元）	年末资产（亿元）	年末负债（亿元）
全国	**62 792**	**222 525.5**	**23 918.1**	**18 650.5**	**37 263.8**	**527 817.5**	**301 431.9**
京津冀合计	**16 908**	**15 901.2**	**4070.4**	**3277.5**	**2634.9**	**145 033.4**	**83 091.4**
北京	14 330	11 129.1	3668.8	2842.0	2088.4	129 695.8	74 001.2
天津	1547	1868.0	168.2	180.5	395.9	8124.5	4845.7
河北	1031	2904.1	233.4	255.0	150.6	7213.1	4244.5
京津冀占比（%）	**26.9**	**7.1**	**17.0**	**17.6**	**7.1**	**27.5**	**27.6**

表8-3 京津冀国家高新区企业收入情况（2018 年）

单位：亿元

地区	营业收入	# 技术收入	# 产品销售收入	# 商品销售收入
全国	**346 213.9**	**39 284.1**	**247 229.8**	**35 147.3**
京津冀合计	**67 739.5**	**12 238.7**	**23 387.6**	**19 003.8**
北京	58 830.9	11 174.3	17 058.7	17 878.0
天津	4172.4	647.1	2503.5	799.2
河北	4736.2	417.3	3825.4	326.7
京津冀占比（%）	**19.6**	**31.2**	**9.5**	**54.1**

表8-4 京津冀国家高新区企业人员情况（2018 年）

单位：人

地区	年末从业人员	# 留学归国人员	# 外籍常驻人员	# 大专以上
全国	**20 915 695**	**163 121**	**72 500**	**12 060 956**
京津冀合计	**3 310 019**	**41 515**	**6787**	**2 485 486**
北京	2 720 575	39 752	5472	2 119 407
天津	266 048	915	588	162 433
河北	323 396	848	727	203 646
京津冀占比（%）	**15.8**	**25.5**	**9.4**	**20.6**

表8-5 京津冀国家高新区企业 R&D 活动与科技活动情况（2018 年）

地区	科技活动人员（人）	#R&D 人员	R&D 人员全时当量（人年）	科技活动经费内部支出（亿元）	#R&D 经费内部支出
全国	**4 280 661**	**2 583 635**	**1 772 053**	**12 675.0**	**7455.7**
京津冀合计	**905 601**	**345 289**	**218 037**	**2855.4**	**1113.4**
北京	784 720	260 085	166 350	2581.0	912.5
天津	55 768	42 802	25 158	124.0	90.0
河北	65 113	42 402	26 530	150.4	110.9
京津冀占比（%）	**21.2**	**13.4**	**12.3**	**22.5**	**14.9**

第九部分

科技企业孵化器

表9-1　京津冀科技企业孵化器基本情况（2014—2018年）

项目	2014年	2015年	2016年	2017年	2018年
在统孵化器数量（个）					
全国	**1748**	**2533**	**3255**	**4063**	**4849**
京津冀合计	**282**	**296**	**311**	**315**	**452**
北京	113	111	101	105	152
天津	124	131	108	71	72
河北	45	54	102	139	228
京津冀占比（%）	**16.1**	**11.7**	**9.6**	**7.8**	**9.3**
孵化器场地总面积（万平方米）					
全国	**6877.8**	**8679.7**	**10 732.8**	**11 967.4**	**13 192.9**
京津冀合计	**815.3**	**762.5**	**843.6**	**757.4**	**979.4**
北京	242.0	231.0	223.4	249.8	312.9
天津	269.4	338.2	320.4	137.4	136.5
河北	303.9	193.4	299.9	370.2	530.0
京津冀占比（%）	**11.9**	**8.8**	**7.9**	**6.3**	**7.4**
在孵企业（个）					
全国	**78 965**	**102 170**	**133 286**	**177 542**	**206 024**
京津冀合计	**11 315**	**11 531**	**13 474**	**15 888**	**20 680**
北京	4605	4026	5316	6717	9629
天津	4962	5632	5080	4264	4263
河北	1748	1873	3078	4907	6788
京津冀占比（%）	**14.3**	**11.3**	**10.1**	**8.9**	**10.0**
在孵企业从业人员（万人）					
全国	**141.7**	**166.2**	**212.1**	**259.6**	**290.2**
京津冀合计	**17.3**	**17.0**	**21.6**	**25.7**	**30.3**
北京	7.3	6.3	9.0	11.7	14.8
天津	6.3	7.1	7.2	6.2	5.9
河北	3.6	3.6	5.3	7.8	9.6
京津冀占比（%）	**12.2**	**10.2**	**10.2**	**9.9**	**10.5**

续表

项目	2014年	2015年	2016年	2017年	2018年
当年获得风险投资额（亿元）					
全国	**139.2**	**258.6**	**386.0**	**473.3**	**629.8**
京津冀合计	**32.3**	**51.3**	**83.2**	**97.6**	**136.1**
北京	28.1	47.5	70.2	89.4	128.6
天津	3.1	1.9	10.7	5.0	3.4
河北	1.1	1.9	2.3	3.2	4.1
京津冀占比（%）	**23.2**	**19.8**	**21.6**	**20.6**	**21.6**
累计毕业企业（个）					
全国	**61 944**	**74 853**	**89 694**	**110 701**	**139 396**
京津冀合计	**10 574**	**10 911**	**11 615**	**14 237**	**20 741**
北京	7431	7049	7659	9817	14 986
天津	1798	2154	1944	1868	2220
河北	1345	1708	2012	2552	3535
京津冀占比（%）	**17.1**	**14.6**	**13.0**	**12.9**	**14.9**

表9-2　京津冀科技企业孵化器孵化企业情况（2018年）

单位：个

地区	在孵企业数	#高新技术企业	#当年新增在孵企业	累计毕业企业	#当年毕业企业	#收入达5000万企业
全国	**206 024**	**13 672**	**48 095**	**139 396**	**23 457**	**3272**
京津冀合计	**20 680**	**2786**	**6428**	**20 741**	**2769**	**255**
北京	9629	2112	3138	14 986	1654	114
天津	4263	239	1201	2220	362	58
河北	6788	435	2089	3535	753	83
京津冀占比（%）	**10.0**	**20.4**	**13.4**	**14.9**	**11.8**	**7.8**

表9-3　京津冀科技企业孵化器孵化场地情况（2018 年）

单位：平方米

地区	总面积				
		办公用房	企业用房	服务用房	其他
全国	**131 929 355**	**9 191 248**	**88 831 774**	**16 611 087**	**17 295 245**
京津冀合计	**9 794 250**	**700 514**	**6 827 898**	**1 155 895**	**1 109 943**
北京	3 129 155	183 166	2 255 734	406 687	283 567
天津	1 365 151	72 453	1 026 667	180 009	86 022
河北	5 299 944	444 895	3 545 496	569 199	740 354
京津冀占比（%）	**7.4**	**7.6**	**7.7**	**7.0**	**6.4**

表9-4　京津冀科技企业孵化器当年在孵企业情况（2018 年）

地区	在孵企业从业人员数（人）	在孵企业总收入（亿元）	当年获得投融资企业数（个）	当年获风险投资额（亿元）	当年获得孵化基金在孵企业数（个）
全国	**2 901 597**	**8343.04**	**11 195**	**629.8**	**11 442**
京津冀合计	**303 411**	**1027.02**	**1060**	**136.1**	**685**
北京	148 238	746.35	618	128.6	254
天津	59 004	79.66	223	3.4	203
河北	96 169	201.01	219	4.1	228
京津冀占比（%）	**10.5**	**12.3**	**9.5**	**21.6**	**6.0**

表9-5　京津冀国家级科技企业孵化器基本情况（2018 年）

地区	统计孵化器数量（个）	孵化器总收入（亿元）	管理机构从业人员数（人）	孵化基金总额（亿元）	创业导师人数（人）	对公共技术服务平台投资额（亿元）
全国	**967**	**170.5**	**20 938**	**499.3**	**19 833**	**33.5**
京津冀合计	**111**	**25.1**	**2487**	**174.2**	**2822**	**2.3**
北京	55	21.4	1503	165.8	1757	1.7
天津	33	2.2	490	4.8	652	0.3
河北	23	1.5	494	3.6	413	0.3
京津冀占比（%）	**11.5**	**14.7**	**11.9**	**34.9**	**14.2**	**6.9**

表9-6　京津冀国家级科技企业孵化器孵化企业情况（2018 年）

单位：个

地区	在孵企业数	# 高新技术企业	# 当年新增在孵企业	累计毕业企业	# 当年毕业企业	# 收入达5000 万企业
全国	**86 632**	**7471**	**21 297**	**84 985**	**9809**	**2309**
京津冀合计	**9946**	**1778**	**2314**	**12 032**	**1301**	**209**
北京	5211	1413	1195	8277	834	86
天津	2571	174	636	1907	273	49
河北	2164	191	483	1848	194	74
京津冀占比（%）	**11.5**	**23.8**	**10.9**	**14.2**	**13.3**	**9.1**

表9-7　京津冀国家级科技企业孵化器孵化场地情况（2018 年）

单位：平方米

地区	总面积				
		办公用房	企业用房	服务用房	其他
全国	**41 128 234**	**1 297 486**	**31 148 782**	**5 418 574**	**3 263 392**
京津冀合计	**3 464 618**	**103 137**	**2 701 419**	**386 562**	**273 500**
北京	1 761 142	36 724	1 310 930	213 407	200 081
天津	804 996	26 128	645 179	103 154	30 535
河北	898 480	40 285	745 310	70 001	42 884
京津冀占比（%）	**8.4**	**7.9**	**8.7**	**7.1**	**8.4**

表9-8　京津冀国家级科技企业孵化器当年在孵企业情况（2018 年）

地区	在孵企业从业人员数（人）	在孵企业总收入（亿元）	当年获得投融资企业数（个）	当年获风险投资额（亿元）	当年获得孵化基金在孵企业数（个）
全国	**1 346 893**	**3629.34**	**6395**	**345.05**	**5548**
京津冀合计	**180 912**	**757.63**	**671**	**76.29**	**391**
北京	105 107	643.72	421	72.18	167
天津	40 761	45.38	154	2.55	128
河北	35 044	68.53	96	1.56	96
京津冀占比（%）	**13.4**	**20.9**	**10.5**	**22.1**	**7.0**

第十部分

国家高新技术企业

表10-1　京津冀国家高新技术企业基本情况（2013—2018年）

项目	2013年	2014年	2015年	2016年	2017年	2018年
入统企业数（个）						
全国	**54 683**	**62 556**	**76 141**	**100 012**	**130 632**	**172 262**
京津冀合计	**9718**	**10 739**	**14 690**	**18 742**	**23 398**	**28 658**
北京	7352	8237	10 881	13 476	16 267	18 749
天津	1324	1254	2204	3205	4009	4889
河北	1042	1248	1605	2061	3122	5020
京津冀占比（%）	**17.8**	**17.2**	**19.3**	**18.7**	**17.9**	**16.6**
科技活动人员（人）						
全国	**4 611 984**	**4 850 635**	**5 255 352**	**5 843 408**	**6 586 793**	**7 566 809**
京津冀合计	**606 919**	**642 658**	**832 074**	**934 861**	**1 050 872**	**1 183 303**
北京	380 092	412 794	567 069	632 199	713 447	790 691
天津	103 304	98 992	126 229	142 672	150 826	163 208
河北	123 523	130 872	138 776	159 990	186 599	229 404
京津冀占比（%）	**13.2**	**13.2**	**15.8**	**16.0**	**16.0**	**15.6**
R&D人员全时当量（人年）						
全国	**1 986 181**	**2 054 722**	**1 835 827**	**2 126 529**	**2 633 467**	**2 857 665**
京津冀合计	**206 865**	**212 310**	**233 030**	**270 354**	**299 765**	**318 913**
北京	119 454	122 078	132 714	138 912	172 450	168 979
天津	37 533	38 134	51 043	69 070	71 802	77 017
河北	49 878	52 098	49 273	62 372	55 513	72 917
京津冀占比（%）	**10.4**	**10.3**	**12.7**	**12.7**	**11.4**	**11.2**
R&D经费内部支出（亿元）						
全国	**5401.1**	**5809.0**	**6304.0**	**7806.1**	**9279.5**	**10 846.7**
京津冀合计	**694.9**	**731.7**	**940.2**	**1005.9**	**1229.1**	**1552.1**
北京	426.9	469.5	588.2	552.0	758.5	939.8
天津	150.1	140.1	205.2	259.9	241.2	290.1
河北	117.9	122.1	146.9	193.9	229.4	322.2
京津冀占比（%）	**12.9**	**12.6**	**14.9**	**12.9**	**13.2**	**14.3**

续表

项目	2013年	2014年	2015年	2016年	2017年	2018年
营业收入（亿元）						
全国	**193 837.4**	**217 304.8**	**222 234.1**	**261 093.9**	**318 374.1**	**389 203.7**
京津冀合计	**25 346.8**	**28 219.4**	**31 131.9**	**35 592.3**	**44 479**	**57 282.1**
北京	15 825.2	18 877.4	20 078.1	23 220.6	27 417.1	32 082.0
天津	4513.2	3944.4	5489.1	6272.1	7204	8817.1
河北	5008.3	5397.6	5564.7	6099.6	9857.9	16 383.0
京津冀占比（%）	**13.1**	**13.0**	**14.0**	**13.6**	**14.0**	**14.7**

表10-2 京津冀国家高新技术企业主要经济指标（2018年）

单位：亿元

地区	工业总产值	营业收入			
			#技术收入	#产品销售收入	#商品销售收入
全国	**288 706.3**	**389 203.7**	**44 877.2**	**318 724.2**	**7458.8**
京津冀合计	**25 357.6**	**57 282.1**	**13 361.1**	**34 458.2**	**3006.3**
北京	7245.3	32 082.0	11 399.5	12 732.6	2637.6
天津	4789.6	8817.1	1283.3	6977.0	127.2
河北	13 322.7	16 383.0	678.3	14 748.6	241.6
京津冀占比（%）	**8.8**	**14.7**	**29.8**	**10.8**	**40.3**

表10-3 京津冀国家高新技术企业人员情况（2018年）

单位：人

地区	年末从业人员			
		#留学归国人员	#外籍常驻人员	#大专以上
全国	**31 315 617**	**133 937**	**57 507**	**15 737 879**
京津冀合计	**4 037 812**	**33 463**	**4843**	**2 692 889**
北京	2 322 720	30 345	3613	1 840 610
天津	603 507	2106	576	366 173
河北	1 111 585	1012	654	486 106
京津冀占比（%）	**12.9**	**25.0**	**8.4**	**17.1**

表10-4　京津冀国家高新技术企业 R&D 活动与科技活动情况（2018 年）

地区	科技活动人员（人）		R&D 人员全时当量（人年）	科技活动经费内部支出（亿元）	
		#R&D 人员			#R&D 经费内部支出
全国	**7 566 809**	**4 370 797**	**2 857 665**	**19 717.6**	**10 846.7**
京津冀合计	**1 183 303**	**508 010**	**318 913**	**3571.0**	**1552.1**
北京	790 691	263 619	168 979	2522.5	939.8
天津	163 208	127 339	77 017	394.4	290.1
河北	229 404	117 052	72 917	654.1	322.2
京津冀占比（%）	**15.6**	**11.6**	**11.2**	**18.1**	**14.3**

第十一部分

国家大学科技园

表11-1　京津冀国家大学科技园基本情况（2013—2018年）

项目	2013年	2014年	2015年	2016年	2017年	2018年
孵化基金总额（万元）						
全国	**94 003**	**110 659**	**119 636**	**143 960**	**224 670**	**134 166**
京津冀合计	**14 691**	**32 194**	**19 992**	**13 967**	**110 841**	**11 246**
北京	13 591	29 594	17 392	11 817	109 091	9396
天津	500	1000	1000	1000		
河北	600	1600	1600	1150	1750	1850
京津冀占比（%）	**15.6**	**29.1**	**16.7**	**9.7**	**49.3**	**8.4**
年末固定资产净值（万元）						
全国	**537 213**	**496 810**	**472 147**	**401 898**	**455 959**	**505 176**
京津冀合计	**239 848**	**46 302**	**40 173**	**48 153**	**45 662**	**43 448**
北京	228 576	34 218	30 890	39 652	37 288	35 267
天津	62	24	18	37	27	24
河北	11 210	12 060	9265	8464	8347	8158
京津冀占比（%）	**44.6**	**9.3**	**8.5**	**12.0**	**10.0**	**8.6**
场地面积（平方米）						
全国	**7 758 538**	**801 653**	**7 487 203**	**7 378 204**	**7 938 354**	**7 085 649**
京津冀合计	**1 129 673**	**117 533**	**1 448 717**	**1 476 236**	**1 745 976**	**1 690 415**
北京	866 625	87 558	1 101 169	1 119 589	1 375 328	1 343 248
天津	162 600	11 500	162 800	171 900	171 900	171 900
河北	100 448	18 475	184 748	184 747	198 748	175 267
京津冀占比（%）	**14.6**	**14.7**	**19.3**	**20.0**	**22.0**	**23.9**
在孵企业（个）						
全国	**8204**	**9972**	**10 118**	**9861**	**10 448**	**10 127**
京津冀合计	**1319**	**1654**	**1477**	**1407**	**1931**	**1908**
北京	1052	1358	1198	1146	1656	1648
天津	167	54	27	32	40	39
河北	100	242	252	229	235	221
京津冀占比（%）	**16.1**	**16.6**	**14.6**	**14.3**	**18.5**	**18.8**

续表

项目	2013年	2014年	2015年	2016年	2017年	2018年
从业人员数（人）						
全国	**147 292**	**162 885**	**145 603**	**132 434**	**136 687**	**127 711**
京津冀合计	**26 465**	**29 647**	**21 506**	**22 700**	**30 512**	**26 898**
北京	20 320	22 300	15 876	16 878	23 097	19 682
天津	3883	1967	508	591	446	364
河北	2262	5380	5122	5231	6969	6852
京津冀占比（%）	**18.0**	**18.2**	**14.8**	**17.1**	**22.3**	**21.1**
在孵企业总收入（亿元）						
全国	**262.1**	**361.2**	**277.2**	**289.5**	**340.0**	**325.0**
京津冀合计	**56.7**	**56.0**	**57.8**	**53.4**	**74.6**	**69.8**
北京	47.3	46.1	48.7	42.7	53.0	47.9
天津	4.1	0.2	0.3	0.7	0.6	0.9
河北	5.4	9.7	8.8	10.1	21.0	21.0
京津冀占比（%）	**21.6**	**15.5**	**20.8**	**18.5**	**21.9**	**21.5**

表11-2　京津冀国家大学科技园人员情况（2018年）

单位：人

地区	管理机构从业人员总数	#博士	#硕士	#研究生	#本科	#大专	#留学回国人员
全国	**2768**	**144**	**725**	**803**	**1525**	**289**	**85**
京津冀合计	**598**	**43**	**171**	**200**	**287**	**89**	**27**
北京	509	38	155	178	229	84	25
天津	6	0	0	1	5	0	0
河北	83	5	16	21	53	5	2
京津冀占比（%）	**21.6**	**29.9**	**23.6**	**24.9**	**18.8**	**30.8**	**31.8**

表11-3　京津冀国家大学科技园孵化场地情况（2018年）

单位：平方米

地区	总面积	办公室用房	孵化用房	研发用房	生产用房	其他
全国	**7 085 649**	**424 511**	**3 310 783**	**989 091**	**1 086 940**	**1 274 324**
京津冀合计	**1 690 415**	**78 364**	**674 660**	**326 273**	**81 843**	**529 275**
北京	1 343 248	34 635	473 808	270 511	48 406	515 888
天津	171 900	26 400	80 800	43 000	16 000	5700
河北	175 267	17 329	120 052	12 762	17 437	7687
京津冀占比（%）	**23.9**	**18.5**	**20.4**	**33.0**	**7.5**	**41.5**

表11-4　京津冀国家大学科技园在孵企业情况（2018年）

地区	在孵企业（个）	# 当年新孵	工业总产值（万元）	净利润（万元）	上缴税金（万元）
全国	**10 127**	**2720**	**1 308 207**	**163 560**	**141 983**
京津冀合计	**1908**	**505**	**239 488**	**62 930**	**35 214**
北京	1648	451	135 589	47 916	25 817
天津	39	5	1596	678	278
河北	221	49	102 304	14 336	9118
京津冀占比（%）	**18.8**	**18.6**	**18.3**	**38.5**	**24.8**

表11-5　京津冀国家大学科技园毕业企业情况（2018年）

地区	累计毕业企业（个）	从业人员数（人）	总收入（亿元）	工业总产值（亿元）
全国	**10 733**	**373 405**	**1803.1**	**1137.8**
京津冀合计	**2618**	**64 636**	**193**	**56**
北京	2239	56 793	172.0	36.9
天津	19	410	1.7	2.0
河北	360	7433	19.0	17.7
京津冀占比（%）	**24.4**	**17.3**	**10.7**	**5.0**

第十二部分

火炬特色产业基地

表12-1 京津冀火炬计划特色产业基地基本情况（2013—2018年）

项目	2013年	2014年	2015年	2016年	2017年	2018年
入统基地数（个）						
全国	**341**	**366**	**384**	**413**	**441**	**439**
京津冀合计	**21**	**23**	**22**	**23**	**23**	**22**
北京	2	2	2	2	1	1
天津	7	8	8	8	9	9
河北	12	13	12	13	13	12
京津冀占比（%）	**6.1**	**6.3**	**5.7**	**5.6**	**5.2**	**5.0**
基地内企业数（个）						
全国	**102 893**	**118 231**	**126 393**	**150 555**	**163 364**	**177 245**
京津冀合计	**4927**	**7665**	**8192**	**9884**	**11 531**	**13 691**
北京	1666	2137	2571	2900	4440	5822
天津	728	2232	2493	4439	5095	5781
河北	2533	3296	3128	2545	1996	2088
京津冀占比（%）	**4.8**	**6.5**	**6.5**	**6.6**	**7.1**	**7.7**
总收入（亿元）						
全国	**76 521.4**	**88 227.1**	**91 233.1**	**100 003.2**	**104 652.1**	**108 756.8**
京津冀合计	**1870.0**	**3118.7**	**3671.6**	**4423.3**	**4545.4**	**4884.6**
北京	245.9	63.1	300.0	345.7	338.0	357.0
天津	590.3	588.9	887.6	1311.1	1038.1	1273.3
河北	1033.8	2466.7	2483.9	2766.5	3169.3	3254.4
京津冀占比	**2.4**	**3.6**	**4.0**	**4.4**	**4.3**	**4.5**

表12-2 京津冀火炬计划特色产业基地经济指标情况（2018年）

单位：亿元

地区	工业总产值	上缴税额	净利润	出口总额
全国	**109 928**	**6052**	**6872**	**12 412**
京津冀合计	**3373**	**257**	**371**	**260**
北京	62	21	15	18
天津	960	71	112	86
河北	2352	165	243	156
京津冀占比（%）	**3.1**	**4.2**	**5.4**	**2.1**

表12-3　京津冀火炬计划特色产业基地人员情况（2018年）

单位：人

地区	企业人员总数	#大专以上	#博士	#硕士
全国	**11 655 604**	**3 806 414**	**28 752**	**184 841**
京津冀合计	**483 663**	**213 583**	**1950**	**12 656**
北京	45 836	27 501	108	1734
天津	133 568	54 452	1069	5237
河北	304 259	131 630	773	5685
京津冀占比（%）	**4.1**	**5.6**	**6.8**	**6.8**

第十三部分

创新型产业集群

表13-1　京津冀创新型产业集群基本情况（2017—2018 年）

地区	2017 年	2018 年
企业总数（个）		
全国	**20 388**	**22 177**
京津冀合计	**2344**	**2768**
北京	747	868
天津	528	640
河北	1069	1260
京津冀占比（%）	**11.5**	**12.5**
年末从业人员（人）		
全国	**3 926 838**	**4 151 702**
京津冀合计	**369 798**	**429 464**
北京	156 727	201 709
天津	77 080	81 688
河北	135 991	146 067
京津冀占比（%）	**9.3**	**10.3**
营业收入（亿元）		
全国	**52 233.7**	**55 413.4**
京津冀合计	**6932.4**	**8266.8**
北京	3713.0	4764.7
天津	981.2	1152.3
河北	2238.2	2349.9
京津冀占比（%）	**13.3**	**14.9**

表13-2 京津冀创新型产业集群企业数量和从业人员情况（2018 年）

地区	企业总数（个）		年末从业人员（人）	
		# 高新技术企业数		# 科技活动人员
全国	**22 177**	**9065**	**4 151 702**	**1 078 905**
京津冀合计	**2768**	**1224**	**429 464**	**153 089**
北京	868	375	201 709	80 324
天津	640	322	81 688	19 879
河北	1260	527	146 067	52 886
京津冀占比（%）	**12.5**	**13.5**	**10.3**	**14.2**

表13-3 京津冀创新型产业集群主要经济指标（2018 年）

单位：亿元

地区	出口总额	净利润	上缴税费
全国	**9124.8**	**4568.4**	**3262.3**
京津冀合计	**518.6**	**773**	**317.3**
北京	266.4	622	177.5
天津	104.1	50	45.1
河北	148.1	101	94.7
京津冀占比（%）	**5.7**	**16.9**	**9.7**

表13-4 京津冀创新型产业集群主要科技活动成果（2018 年）

地区	当年发明专利授权（件）	拥有有效发明专利（件）	拥有注册商标（件）	当年形成国家或行业标准（项）	认定登记的技术合同成交金额（亿元）
全国	**27 857**	**193 512**	**118 971**	**1020**	**821.6**
京津冀合计	**3349**	**31 915**	**21 855**	**141**	**74.8**
北京	2245	14 512	14 162	56	47.3
天津	451	3564	1155	20	17.4
河北	653	13 839	6538	65	10.1
京津冀占比（%）	**12.0**	**16.5**	**18.4**	**13.8**	**9.1**

表13-5　京津冀创新型产业集群主要服务机构（2018 年）

单位：个

地区	国家级科技企业孵化器	国家技术转移示范机构	国家级示范生产力促进中心	具有国家级资质产品检验检测机构	研究院所	产品联盟组织数
全国	**277**	**109**	**44**	**134**	**4774**	**304**
京津冀合计	**31**	**7**	**2**	**5**	**351**	**33**
北京	11	0	0	0	41	13
天津	9	2	1	3	134	9
河北	11	5	1	2	176	11
京津冀占比（%）	**11.2**	**6.4**	**4.6**	**3.7**	**7.4**	**10.9**

第十四部分

科学技术普及

表14-1　京津冀科学技术普及基本情况（2013—2018 年）

项目	2013 年	2014 年	2015 年	2016 年	2017 年	2018 年
科普专职人员（人）						
全国	**242 276**	**234 982**	**221 511**	**223 544**	**227 008**	**223 958**
京津冀合计	**16 744**	**16 758**	**17 134**	**19 789**	**20 753**	**27 045**
北京	7727	7062	7324	9291	8077	8490
天津	3171	3179	3039	2404	1780	2582
河北	5846	6517	6771	8094	10 896	15 973
京津冀占比（%）	**6.9**	**7.1**	**7.7**	**8.9**	**9.1**	**12.1**
科技馆数量（个）						
全国	**380**	**409**	**444**	**473**	**488**	**518**
京津冀合计	**34**	**43**	**36**	**40**	**41**	**49**
北京	22	31	25	30	29	28
天津	1	1	1	1	1	4
河北	11	11	10	9	11	17
京津冀占比（%）	**8.9**	**10.5**	**8.1**	**8.5**	**8.4**	**9.5**
科技馆建筑面积（万平方米）						
全国	**263.1**	**304.2**	**313.8**	**320.6**	**371.1**	**399.7**
京津冀合计	**27.3**	**40.7**	**29.5**	**33.8**	**33.3**	**46.1**
北京	18.5	32.0	21.6	26.7	24.8	31.9
天津	1.8	1.8	1.8	1.8	1.8	2.4
河北	7.0	6.9	6.1	5.3	6.7	11.8
京津冀占比（%）	**10.4**	**13.4**	**9.4**	**10.6**	**9.0**	**11.5**
年度科普经费筹集额（亿元）						
全国	**132.2**	**150.0**	**141.2**	**152.0**	**160.1**	**161.1**
京津冀合计	**24.6**	**26.8**	**26.2**	**31.3**	**32.1**	**33.5**
北京	20.4	21.7	21.3	25.1	27.0	26.2
天津	2.4	2.4	2.1	2.5	2.3	2.3
河北	1.8	2.7	2.8	3.7	2.8	5.1
京津冀占比（%）	**18.6**	**17.9**	**18.6**	**20.6**	**20.1**	**20.8**

续表

项目	2013年	2014年	2015年	2016年	2017年	2018年
科普图书出版总册数（万册）						
全国	**8860**	**6160**	**13 357**	**13 487**	**11 188**	**8607**
京津冀合计	**5325**	**2945**	**7436**	**3561**	**5025**	**5274**
北京	5159	2795	7334	2870	4632	5137
天津	60	68	63	364	191	93
河北	106	82	39	327	202	44
京津冀占比（%）	**60.1**	**47.8**	**55.7**	**26.4**	**44.9**	**61.3**
科普专题活动次数（次）						
全国	**125 045**	**117 238**	**117 506**	**128 545**	**115 999**	**137 807**
京津冀合计	**18 446**	**14 359**	**19 757**	**18 917**	**12 765**	**11 250**
北京	3796	3672	6662	6774	3867	3468
天津	9596	5488	7921	7311	4184	3738
河北	5054	5199	5174	4832	4714	4044
京津冀占比（%）	**14.8**	**12.2**	**16.8**	**14.7**	**11.0**	**8.2**

表14-2 京津冀科普专职人员情况（2018年）

单位：人

地区	科普专职人员	#中级职称以上或本科以上学历	#女性	#农村科普人员	#管理人员	#科普创作人员
全国	**223 958**	**136 623**	**88 533**	**64 697**	**45 175**	**15 523**
京津冀合计	**27 045**	**15 470**	**11 973**	**4415**	**4441**	**2422**
北京	8490	6255	4745	337	2004	1535
天津	2582	1727	1188	167	563	352
河北	15 973	7488	6040	3911	1874	535
京津冀占比（%）	**12.1**	**11.3**	**13.5**	**6.8**	**9.8**	**15.6**

表14-3　京津冀科普兼职人员情况（2018 年）

地区	科普兼职人员（人）	# 中级职称以上或本科以上学历	# 女性	# 农村科普人员	# 注册科普志愿者	年度实际投入工作量（人月）
全国	**1 560 912**	**822 953**	**621 557**	**443 841**	**2 136 883**	**1 805 318**
京津冀合计	**157 224**	**92 925**	**77 249**	**38 401**	**74 415**	**167 084**
北京	52 829	35 672	28 190	6451	27 300	51 755
天津	27 281	17 998	15 296	3164	14 859	24 516
河北	77 114	39 255	33 763	28 786	32 256	90 813
京津冀占比（%）	**10.1**	**11.3**	**12.4**	**8.7**	**3.5**	**9.3**

表14-4　京津冀科普场地情况（2018 年）

项目	全国	京津冀合计	北京	天津	河北	京津冀占比（%）
科技馆数量（个）	**518**	**49**	28	4	17	**9.5**
科技馆建筑面积（平方米）	**400**	**46**	32	2	12	**11.5**
科技馆展厅面积（平方米）	**202**	**24**	17	1	6	**11.9**
科技馆当年参观人数（万人次）	**7637**	**799**	619	48	132	**10.5**
科学技术类博物馆数量（个）	**943**	**126**	81	9	36	**13.4**
科学技术类博物馆建筑面积（平方米）	**7 092 019**	**1 366 013**	988 767	189 798	187 448	**19.3**
科学技术类博物馆展厅面积（平方米）	**3 237 635**	**562 521**	392 202	83 094	87 225	**17.4**
科学技术类博物馆当年参观人数（人次）	**142 316 316**	**28 693 827**	20 442 314	4 351 864	3 899 649	**20.2**
青少年科技馆站（个）	**559**	**32**	12	4	16	**5.7**
城市社区科普（技）专用活动室（个）	**58 648**	**3976**	1246	1516	1214	**6.8**
农村科普（技）活动场地（个）	**252 747**	**15 412**	1682	2647	11 083	**6.1**
科普宣传专用车（辆）	**1365**	**219**	106	74	39	**16**
科普画廊（个）	**161 541**	**8988**	2615	2095	4278	**5.6**

表14-5　京津冀科普经费情况（2018 年）

单位：万元

项目	全国	京津冀合计	北京	天津	河北	京津冀占比（%）
科普经费筹集额	**1 611 380**	**335 175**	261 786	22 726	50 663	**20.8**
#政府拨款	**1 260 150**	**241 404**	189 376	15 906	36 122	**19.2**
#科普专项经费	**620 922**	**133 139**	117 005	7109	9025	**21.4**
#捐赠	**7255**	**1489**	1311	32	146	**20.5**
#自筹资金	**261 654**	**62 772**	43 654	6135	12 983	**24.0**
科技活动周经费筹集额	**45 558**	**5446**	3742	614	1090	**12.0**
#政府拨款	**35 348**	**4282**	3076	381	825	**12.1**
#企业赞助	**2903**	**420**	237	86	97	**14.5**
科普经费使用额	**1 592 868**	**319 158**	248 166	22 793	48 199	**20.0**
#行政支出	**292 231**	**56 468**	40 396	6328	9744	**19.3**
#科普活动支出	**847 868**	**182 368**	151 585	9667	21 116	**21.5**
#科技场馆基建支出	**321 174**	**38 772**	19 880	5409	13 483	**12.1**
#政府拨款支出	**144 021**	**21 376**	8057	2469	10 850	**14.8**
#场馆建设支出	**131 218**	**20 912**	8680	1556	10 676	**15.9**
#展品、设施支出	**125 697**	**11 970**	7431	2644	1895	**9.5**

表14-6　京津冀科普传媒情况（2018 年）

项目	全国	京津冀合计	北京	天津	河北	京津冀占比（%）
科普图书出版种数（种）	**11 120**	**4982**	4400	312	270	**44.8**
科普图书出版总册数（万册）	**8607**	**5274**	5137	93	44	**61.3**
科普期刊出版种数（种）	**1339**	**273**	211	34	28	**20.4**
科普期刊出版总册数（万册）	**6787.7**	**1368.3**	1036.2	300.8	31.3	**20.2**
科普（技）音像制品出版种数（种）	**3669**	**241**	144	60	37	**6.6**
科普（技）光盘发行总量（万张）	**446.1**	**89.3**	79.2	3.8	6.3	**20.0**
科普（技）录音、录像带发行总量（盒）	**175 448**	**6126**	4224	101	1801	**3.5**
科技类报纸年发行总份数（万份）	**14 546.2**	**2457.6**	1708.4	284.3	464.9	**16.9**
电视台播出科普（技）节目时间（小时）	**77 979**	**7069**	2468	1290	3311	**9.1**
电台播出科普（技）节目时间（小时）	**53 749**	**3496**	746	635	2115	**6.5**
科普网站数（个）	**2688**	**434**	286	73	75	**16.1**
发放科普读物和资料（万份）	**69 786.3**	**7973.3**	5074.8	806.2	2092.3	**11.4**

表14-7 京津冀科普活动情况（2018年）

项目	全国	京津冀合计	北京	天津	河北	京津冀占比（%）
科普（技）讲座举办次数（次）	**910 069**	**102 954**	64 064	15 564	23 326	**11.3**
科普（技）讲座参加人数（人次）	**205 507 672**	**78 385 745**	73 550 370	1 353 241	3 482 134	**38.1**
科普（技）展览专题展览次数（次）	**116 403**	**10 570**	4829	2613	3128	**9.1**
科普（技）展览参观人数（人次）	**255 946 219**	**78 873 485**	69 813 746	3 774 197	5 285 542	**30.8**
科普（技）竞赛举办次数（次）	**40 032**	**4351**	2356	717	1278	**10.9**
科普（技）竞赛参加人数（人次）	**183 398 951**	**107 785 686**	105 349 989	1 003 884	1 431 813	**58.8**
科普国际交流举办次数（次）	**2579**	**583**	470	62	51	**22.6**
科普国际交流参加人数（人次）	**936 604**	**473 726**	442 803	26 793	4130	**50.6**
成立青少年科技兴趣小组个数（个）	**191 910**	**16 208**	3654	2719	9835	**8.4**
青少年科技兴趣小组参加人数（人次）	**17 105 984**	**1 177 162**	428 270	339 757	409 135	**6.9**
科技夏（冬）令营举办次数（次）	**14 552**	**2081**	1431	437	213	**14.3**
科技夏（冬）令营参加人数（人次）	**2 317 938**	**353 362**	193 315	120 106	39 941	**15.2**
科技活动周科普专题活动次数（次）	**116 828**	**11 250**	3468	3738	4044	**9.6**
科技活动周参加人数（人次）	**161 024 339**	**66 882 619**	62 230 053	2 129 276	2 523 290	**41.5**
科研机构、大学向社会开放单位数（个）	**10 563**	**1605**	810	375	420	**15.2**
科研机构、大学参观人数（人次）	**9 966 859**	**1 300 752**	875 414	163 247	262 091	**13.1**
实用技术培训举办次数（次）	**535 142**	**33 050**	10 193	6006	16 851	**6.2**
实用技术培训参加人数（人次）	**56 640 327**	**3 673 333**	721 822	437 781	2 513 730	**6.5**
重大科普活动次数（次）	**25 661**	**2280**	1056	410	814	**8.9**

表14-8 京津冀创新创业中科普情况（2018年）

地区	创新创业培训次数（次）	创新创业培训参加人数（人次）	创新创业赛事次数（次）	创新创业赛事参加人数（人次）
全国	**80 438**	**4 797 036**	**7546**	**3 093 316**
京津冀合计	**8917**	**542 531**	**659**	**233 383**
北京	2482	278 040	331	147 787
天津	2211	81 174	126	44 054
河北	4224	183 317	202	41 542
京津冀占比（%）	**11.1**	**11.3**	**8.7**	**7.5**

第十五部分

主要统计指标解释

1　**一般公共预算收入**　指国家财政参与社会产品分配所取得的收入，是实现国家职能的财力保证。主要包括：①各项税收：包括国内增值税、国内消费税、进口货物增值税和消费税、出口货物退增值税和消费税、营业税、企业所得税、个人所得税、资源税、城市维护建设税、房产税、印花税、城镇土地使用税、土地增值税、车船税、船舶吨税、车辆购置税、关税、耕地占用税、契税、烟叶税等。②非税收入：包括专项收入、行政事业性收费、罚没收入和其他收入。财政收入按现行分税制财政体制划分为中央本级收入和地方本级收入。

2　**一般公共预算支出**　指国家财政将筹集起来的资金进行分配使用，以满足经济建设和各项事业的需要。主要包括一般公共服务、外交、国防、公共安全、教育、科学技术、文化体育与传媒、社会保障和就业、医疗卫生与计划生育、节能环保、城乡社区、农林水、交通运输、资源勘探信息、商业服务业、金融、援助其他地区、国土海洋气象、住房保障、粮油物资储备、政府债务付息等方面的支出。财政支出根据政府在经济和社会活动中的不同职权，划分为中央财政支出和地方财政支出。

3　**地方财政支出合计**　指与各地当年财政总决算报表中本年支出合计的决算数相同。

4　**地方财政科学技术支出**　指地方政府为行使其职能，对筹集的财政资金进行有计划的分配使用的总称。地方用于科学技术方面的支出，与政府收支分类科目 206 相同，包括中央对地方的科技转移支付。

4.1　**科学技术管理事务**　指填在政府收支分类科目 20601 中各级政府部门科学技术管理事务方面的支出，包括中央对此项目的转移支付。

4.2　**基础研究**　指填在政府收支分类科目 20602 中从事基础研究和近期无法取得实用价值的应用研究机构的支出、专项科学研究支出，以及重点实验室、重大科学工程的支出，包括中央对此项目的转移支付。

4.3　**应用研究**　指填在政府收支分类科目 20603 中在基础研究成果上，针对某一特定的实际目标或目标进行的创造性研究工作的支出，包括社会公益研究、高技术研究、专项科研试制等方面的支出，包括中央对此项目的转移支付。

4.4　**技术研究与开发**　指填在政府收支分类科目 20604 中用于技术研究与开发等方面的支出，包括应用技术研究与开发、产业技术研究与开发、科技成果转化与扩散等方面的支出，还包括电子信息产业发展基金，包括中央对此项目的转移支付。

4.5　**科技条件与服务**　指填在政府收支分类科目 20605 中用于完善科技条件及从事科技标准、计量和检测，科技数据、种质资源、标本、基因的收集、加工处理和服务，科技文献信息资源的采集、保存、加工和服务等为科技活动提供基础性、通用性服务的支出，包括中央对此项目的转移支付。

4.6　**社会科学**　指填在政府收支分类科目 20606 中用于社会科学方面的支出，包括中央对此项目的转移支付。

4.7　**科学技术普及**　指填在政府收支分类科目 20607 中用于科学技术普及方面的支出，包括中央对此项目的转移支付。

4.8 **科技交流与合作** 指填在政府收支分类科目 20608 中用于科技交流与合作方面的支出，包括中央对此项目的转移支付。

4.9 **科技重大项目** 指填在政府收支分类科目 20609 中用于科技重大项目方面的支出，包括中央对此项目的转移支付。

4.10 **其他科学技术支出** 指填在政府收支分类科目 20699 中用于除以上各项以外用于科技方面的支出，包括科技奖励支出、补助给转制为企业科研机构的等支出，包括中央对此项目的转移支付。

4.11 **中央对地方科技转移支付** 指政府收支分类科目 206 中央财政对地方的各项科技转移支付。

5 **研究与试验发展（R&D）** 指在科学技术领域，为增加知识总量及运用这些知识去创造新的应用而进行的系统的、创造性的活动，包括基础研究、应用研究、试验发展 3 类活动。

5.1 **基础研究** 指为了获得关于现象和可观察事实的基本原理的新知识（揭示客观事物的本质、运动规律，获得新发展、新学说）而进行的实验性或理论性研究，它不以任何专门或特定的应用或使用为目的。

5.2 **应用研究** 指为获得新知识而进行的创造性研究，主要针对某一特定的目的或目标。应用研究是为了确定基础研究成果可能的用途，或是为达到预定的目标探索应采取的新方法（原理性）或新途径。

5.3 **试验发展** 指利用从基础研究、应用研究和实际经验所获得的现有知识，为产生新的产品、材料和装置，建立新的工艺、系统和服务，以及对已产生和建立的上述各项做实质性的改进而进行的系统性工作。

6 **R&D 人员** 指调查单位内部从事基础研究、应用研究和试验发展 3 类活动的人员。包括直接参加上述 3 类项目活动的人员，以及这 3 类项目的管理人员和直接服务人员。为研发活动提供直接服务的人员包括直接为研发活动提供资料文献、材料供应、设备维护等服务的人员。

6.1 **研究人员** 指 R&D 人员中具备中级以上职称或博士学历（学位）的人员。

7 **R&D 人员全时当量** 是国际上通用的、用于比较科技人力投入的指标，是 R&D 全时人员（全年从事 R&D 活动累积工作时间占全部工作时间的 90% 及以上人员）工作量与非全时人员按实际工作时间折算的工作量之和。例如，有 2 个 R&D 全时人员（工作时间分别为 0.9 年和 1 年）和 3 个 R&D 非全时人员（工作时间分别为 0.2 年、0.3 年和 0.7 年），则 R&D 人员全时当量＝ 1+1+0.2+0.3+0.7=3.2（人年）。

8 **R&D 经费内部支出** 指调查单位在报告年度用于内部开展 R&D 活动的实际支出。包括用于 R&D 项目（课题）活动的直接支出，以及间接用于 R&D 活动的管理费、服务费、与 R&D 有关的基本建设支出及外协加工费等。不包括生产性活动支出、归还贷款支出，以及与外单位合作或委托外单位进行 R&D 活动而转拨给对方的经费支出。

8.1 **日常性支出** 指调查单位在报告年度为开展 R&D 活动而发生的人员劳务费，以及其各项管理费用和购买非资产性的材料、物资费用等他日常支出。

8.2 **资产性支出** 指调查单位在报告年度为开展 R&D 活动而进行建造、购置、安装、改建、扩建固定资产，以及进行设备技术改造和大修理等实际支出的费用。

8.3 **政府资金** 指调查单位 R&D 经费内部支出中来自各级政府部门的各类资金，包括财政科学技术拨款、科学基金、教育等部门事业费及政府部门预算外资金的实际支出。

8.4 **企业资金** 指调查单位 R&D 经费内部支出中来自本企业的自有资金和接受其他企业委托而获得的经费，以及科研院所、高校等事业单位从企业获得的资金的实际支出。

9 **R&D 经费外部支出合计** 指报告年度调查单位委托外单位或与外单位合作进行 R&D 活动而拨给对方的经费。

10 **R&D 项目（课题）** 指调查单位在当年立项并开展研究工作、以前年份立项仍继续进行研究的研究开发项目或课题，包括当年完成和年内研究工作已告失败的研发项目或课题。

11 **发表科技论文** 指在学术刊物上以书面形式发表的最初的科学研究成果。应具备以下 3 个条件：①首次发表的研究成果；②作者的结论和试验能被同行重复并验证；③发表后科技界能引用。

12 **专利** 是专利权的简称，是发明创造经审查合格后，由国务院专利行政部门依据《专利法》授予申请人对该项发明创造享有的专有权。发明创造是指发明、实用新型和外观设计。

12.1 **发明专利** 指对产品、方法或者其改进所提出的新的技术方案。

12.2 **实用新型专利** 指对产品的形状、构造或者其结合所提出的适于实用的新技术方案。

12.3 **外观设计专利** 指对产品的形状、图案或者其结合，以及色彩与形状、图案的结合所做出的富有美感并适于工业应用的新设计。

12.4 **有效发明专利数** 指调查单位作为专利权人在报告年度拥有的、经国内外知识产权行政部门授权且在有效期内的发明专利件数。

12.5 **专利所有权转让及许可数** 指报告年度调查单位向外单位转让专利所有权或允许专利技术由被许可单位使用的件数。

12.6 **专利所有权转让与许可收入** 指报告年度调查单位向外单位转让专利所有权或允许专利技术由被许可单位使用而得到的收入。包括当年从被转让方或被许可方得到的一次性付款和分期付款收入，以及利润分成、股息收入等。

13 **形成国家或行业标准数** 指报告年度调查单位在自主研发或自主知识产权基础上形成的国家或行业标准。形成国家或行业标准须经有关部门批准。

14 **年末从业人员** 指在报告期末，在企业中从事劳动并取得劳动报酬或经营收入的全部劳动力。

15 **营业收入** 指企业经营主要业务和其他业务所确认的收入总额。营业收入合计包括“主营业务收入”和“其他业务收入”。

15.1 **主营业务收入** 指会计“利润表”中对应指标的本年累计数。未执行 2001 年《企业会计制度》的企业，用“产品销售收入”的本期累计数代替。

15.2 **技术收入** 指企业全年用于技术转让、技术承包、技术咨询与服务、技术入股、中试产品收入及接受外单位委托的科研收入等。

15.3 **产品销售收入** 指企业全年销售全部产成品、自制半成品和提供劳务等所取得的收入。

15.4 **商品销售收入** 指企业销售以出售为目的而购入的非本企业生产产品的销售收入。

16 **工业总产值** 指工业企业在报告期内生产的以货币形式表现的工业最终产品和提供工业劳务活动的总价值量。由本期生产成品价值、对外加工费收入、自制半成品在制品期末期初差额价值。

17 **利润总额** 指企业生产经营活动的最终成果，是企业在一定时期内实现的盈亏相抵后的利润总额（亏损以“-”号表示），它等于营业利润 + 补贴收入 + 投资收益 + 营业外净收入 + 以前年度损益调整。

18 **科技活动经费内部支出** 指报告年度用于科技活动的实际支出，包括劳务费、科研业务费、科研管理费，非基建投资构建的固定资产、科研基建支出及其他用于科技活动的支出。不包括生产性活动支出、归还贷款支出及转拨外单位支出。该指标反映了科技投入的实际完成情况。

19 **年末资产** 指企业在报告年末拥有或控制的能以货币计量的经济资源，包括各种财产、债权和其他权利。资产按其流动性（即资产的变现能力和支付能力）划分为流动资产、长期投资、固定资产、无形资产、递延资产和其他资产。

20 **年末负债** 按会计报表的流动负债与长期负债之和填写。

21 **新产品** 指采用新技术原理、新设计构思研制、生产的全新产品，或在结构、材质、工艺等某一方面比原有产品有明显改进，从而显著提高了产品性能或扩大了使用功能的产品。

22 **科普专职人员** 指在统计年度中，从事科普工作时间占其全部工作时间 60% 及以上的人员。包括各级国家机关和社会团体的科普管理工作者，科研院所和大中专院校中从事专业科普研究和创作的人员，专职科普作家，中小学专职科技辅导员，各类科普场馆的相关工作人员，科普类图书、期刊、报刊科技（普）专栏版的编辑，电台、电视台科普频道、栏目的编导，科普网站信息加工人员等。

23 **科普兼职人员** 指在非职业范围内从事科普工作，仅在某些科普活动中从事宣传、辅导、演讲等工作的人员，以及工作时间不能满足科普专职人员要求的从事科普工作的人员。包括进行科普讲座等科普活动的科技人员、中小学兼职科技辅导员、参与科普活动的志愿者、科技馆（站）的志愿者等。

24 **注册科普志愿者** 指按照一定程序在共青团、科协等组织或科普志愿者注册机构注册登记，自愿参加科普服务活动的志愿者。

25 **科技馆** 以科技馆、科学中心、科学宫等命名的以展示教育为主，传播、普及科学的科普场馆。

26 **科学技术博物馆** 包括科技类博物馆、天文馆、水族馆、标本馆及设有自然科学部的综合博物馆等。

27 **科普经费筹集额** 指本单位内可专门用于科普工作管理、研究及开展科普活动等科普事业的各项收入之和。

28 **科普经费使用额** 指本单位内实际用于科普管理、研究及开展科普活动的全部实际支出。

29 **科技活动周经费筹集额** 指本年度科技活动周期间，本单位筹集的准备用于科技活动周的经费总额。

30 **科普场馆基建支出** 指本年度内实际用于科普场馆的基本建设资金。包括实际用于科普场馆的土建费（场馆修缮和新场馆建设）及添加科普展品和设施所产生的费用两个部分。

31　**科普图书**　指以非专业人员为阅读对象，以普及科学知识、倡导科学方法、传播科学思想、弘扬科学精神为目的，在新闻出版机构登记、有正式刊号的科技类图书。

32　**科普期刊**　指面向社会发行并在新闻出版机构登记、有正式刊号或有内部准印证的科普性刊物。

33　**科普(技)音像制品**　指以普及科学知识、倡导科学方法、传播科学思想、弘扬科学精神为目的，正式出版的音像制品。

34　**科普（技）讲座**　指各种面向社会的以普及科学知识、倡导科学方法、传播科学思想、弘扬科学精神为主要内容的科技讲座。由讲座的第一组织单位填写。例如，由几个单位联合举办，组织单位名单中排名第一的为第一组织者，其他几个组织单位不再统计本次活动，下同。

35　**科普（技）展览**　指围绕某个主题所进行的具有科普性质的展教活动，包括常设展览、临时展览和巡回展览；参观人次只统计参观专题展览的人次，而不是场馆的年度总参观人次。

36　**科普（技）竞赛**　指国家机关、社会团体及其他组织作为第一组织者开展的科技知识普及性竞赛。由竞赛的第一组织单位填写。

37　**科普国际交流**　指填表单位与其他国家及境外地区进行的有关科普接待和外派参加会议、访问、展览、培训等交流活动。

38　**重大科普活动**　指参加活动的人次在1000人次以上的科普活动。该项由活动的第一组织单位填写。

39　**众创空间**　指顺应新科技革命和产业变革新趋势，有效满足网络时代大众创新创业需求的新型创业服务平台。

附　录

附录A　国家级企业技术中心（201个）

附表A-1　北京（92个）

序号	名称	序号	名称
1	联想（北京）有限公司	27	中国电力建设股份有限公司
2	北大方正集团有限公司	28	北京金隅集团有限责任公司
3	中国地质装备集团有限公司	29	北京四方继保自动化股份有限公司
4	北京北开电气股份有限公司	30	时代集团公司
5	首钢总公司	31	北京北一机床股份有限公司
6	中国远洋海运集团有限公司	32	江河创建集团股份有限公司
7	北京城建集团有限责任公司	33	北京东方雨虹防水技术股份有限公司
8	北京燕京啤酒股份有限公司	34	有研半导体材料有限公司
9	中国石油天然气集团公司	35	汉王科技股份有限公司
10	中国电子信息产业集团有限公司	36	北京启明星辰信息技术股份有限公司
11	同方股份有限公司	37	中国华电科工集团有限公司
12	中国铝业公司	38	北京神州泰岳软件股份有限公司
13	北京和利时系统工程有限公司	39	北京双鹭药业股份有限公司
14	北汽福田汽车股份有限公司	40	北京三元食品股份有限公司
15	中国印钞造币总公司	41	中铁十六局集团有限公司
16	中国石油化工股份有限公司	42	国家电力投资集团公司
17	大唐电信科技股份有限公司	43	百度在线网络技术(北京)有限公司
18	中国普天信息产业股份有限公司	44	京东方科技集团股份有限公司
19	中国建材集团有限公司	45	新奥特（北京）视频技术有限公司
20	中牧实业股份有限公司	46	北京汽车股份有限公司
21	安泰科技股份有限公司	47	北京资源亚太饲料科技有限公司
22	北京大北农科技集团股份有限公司	48	北京建工集团有限责任公司
23	用友软件股份有限公司	49	中国电子工程设计院
24	中国黄金集团公司	50	中国建筑科学研究院
25	北京中科三环高技术股份有限公司	51	中铁第五勘察设计院集团有限公司
26	中国建筑工程总公司	52	中煤北京煤矿机械有限责任公司

续表

序号	名称	序号	名称
53	北京神州绿盟信息安全科技股份有限公司	73	中国石化工程建设有限公司
54	神雾科技集团股份有限公司	74	中铁建设集团有限公司
55	北京伟嘉人生物技术有限公司	75	北京锐安科技有限公司
56	北京二七轨道交通装备有限责任公司	76	中交第三公路工程局有限公司
57	北京中科科仪股份有限公司	77	北京千方科技股份有限公司
58	北京科诺伟业科技股份有限公司	78	北京大豪科技股份有限公司
59	中国京冶工程技术有限公司	79	北京华宇软件股份有限公司
60	中国种子集团有限公司	80	北京智芯微电子科技有限公司
61	北京天地玛珂电液控制系统有限公司	81	北京北方华创微电子装备有限公司
62	中铁十九局集团有限公司	82	北京生泰尔科技股份有限公司
63	中国路桥工程有限责任公司	83	北京万泰生物药业股份有限公司
64	北京当升材料科技股份有限公司	84	中冶京诚工程技术有限公司
65	中交第一公路工程局有限公司	85	北京新能源汽车股份有限公司
66	中铁二十二局集团有限公司	86	北京易华录信息技术股份有限公司
67	航天长征化学工程股份有限公司	87	中国石油天然气股份有限公司
68	北京星航机电装备有限公司	88	中国软件与技术服务股份有限公司
69	北京高能时代环境技术股份有限公司	89	同方威视技术股份有限公司
70	北矿科技股份有限公司	90	中国铝业股份有限公司
71	北京首航艾启威节能技术股份有限公司	91	北新建材（集团）有限公司
72	中铁电气化局集团有限公司	92	通达耐火技术股份有限公司

附表 A-2 天津（59 个）

序号	名称	序号	名称
1	天津市天锻压力机有限公司	31	天津汽车模具股份有限公司
2	天津市天发重型水电设备制造有限公司	32	天津力神电池股份有限公司
3	中环天仪股份有限公司	33	中材装备集团有限公司
4	天津光电通信技术有限公司	34	天津赛象科技股份有限公司
5	天津七一二通信广播股份有限公司	35	天地伟业技术有限公司
6	天津中环半导体股份有限公司	36	中海油田服务股份有限公司
7	天津海鸥表业集团有限公司	37	曙光信息产业股份有限公司
8	天津天纺投资控股有限公司	38	中材节能股份有限公司
9	天津中新药业集团股份有限公司	39	天津巴莫科技股份有限公司
10	天津药业集团有限公司	40	天津天铁冶金集团有限公司
11	天津渤海化工集团有限责任公司	41	中国汽车工业工程有限公司
12	中法合营王朝葡萄酿酒有限公司	42	中国铁路设计集团有限公司
13	天津港（集团）有限公司	43	天津钢铁集团有限公司
14	天津港航工程有限公司	44	天津钢管集团股份有限公司
15	中国石油集团渤海石油装备制造有限公司	45	天津铁路信号有限责任公司
16	中国石油集团渤海钻探工程有限公司	46	天津富士达集团有限公司
17	天津灯塔涂料有限公司	47	中国汽车技术研究中心有限公司
18	凯莱英医药集团（天津）股份有限公司	48	天津市天塑科技集团有限公司
19	天津膜天膜科技股份有限公司	49	天津大桥焊材集团有限公司
20	天津立中集团股份有限公司	50	天津立林机械集团有限公司
21	天津泰达绿化集团有限公司	51	中铁十八局集团有限公司
22	天津瑞普生物技术股份有限公司	52	天津天士力集团有限公司
23	天津市松正电动汽车技术股份有限公司	53	中国天辰工程有限公司
24	中冶天工集团有限公司	54	天津银龙预应力材料股份有限公司
25	天津航空机电有限公司	55	天津长荣科技集团股份有限公司
26	恒银金融科技股份有限公司	56	天津市中重科技工程有限公司
27	中国铁建大桥工程局集团有限公司	57	天狮集团有限公司
28	海洋石油工程股份有限公司	58	天津红日药业股份有限公司
29	中交第一航务工程局有限公司	59	天津冶金集团中兴盛达钢业有限公司
30	中交天津航道局有限公司		

附表 A–3　河北（50 个）

序号	名称	序号	名称
1	际华三五零二职业装有限公司	26	唐山轨道客车有限责任公司
2	河北建工集团有限责任公司	27	中信重工开诚智能装备有限公司
3	东旭集团有限公司	28	河北华通线缆集团股份有限公司
4	河北诚信有限责任公司	29	新奥集团股份有限公司
5	石家庄四药有限公司	30	廊坊华日家具股份有限公司
6	河北威远生物化工有限公司	31	中国乐凯集团有限公司
7	石家庄诚志永华显示材料有限公司	32	风帆股份有限公司
8	石家庄以岭药业股份有限公司	33	恒天纤维集团有限公司
9	石药控股集团有限公司	34	巨力索具股份有限公司
10	石家庄科林电气股份有限公司	35	保定天威保变电气股份有限公司
11	中国人民解放军第五七二一工厂	36	长城汽车股份有限公司
12	神威医药科技服份有限公司	37	惠阳航空螺旋桨有限责任公司
13	华北制药集团有限责任公司	38	英利集团有限公司
14	石家庄常山纺织股份有限公司	39	凌云工业股份有限公司
15	承德钢铁集团有限公司	40	河北奥润顺达窗业有限公司
16	中国长城葡萄酒有限公司	41	河北晨阳工贸集团有限公司
17	中煤张家口煤矿机械有限责任公司	42	河北建设集团股份有限公司
18	中铁山桥集团有限公司	43	河北新宝丰电缆有限公司
19	中信戴卡股份有限公司	44	中钢集团邢台机械轧辊有限公司
20	中国耀华玻璃集团有限公司	45	冀中能源集团有限责任公司
21	唐山三友集团有限公司	46	晶龙实业集团有限公司
22	开滦（集团）有限责任公司	47	新兴际华集团有限公司
23	唐山钢铁集团有限责任公司	48	晨光生物科技集团股份有限公司
24	河北迁西板栗集团有限公司	49	邯郸钢铁集团有限责任公司
25	惠达卫浴股份有限公司	50	河北汉光重工有限责任公司

附录 B　国家级火炬计划平台（56 个）

附表 B-1　北京（21 个）

序号	名称	序号	名称
1	中关村移动互联网产业集群	12	中国人民大学文化科技园
2	北京数字电视和数字内容产业基地创新型产业集群	13	中国农业大学科技园
3	国家级轨道交通创新型产业集群	14	北京交通大学国家大学科技园
4	北京工业大学国家大学科技园	15	华北电力大学国家大学科技园
5	清华大学国家大学科技园	16	中国矿业大学（北京）国家大学科技园
6	北京大学国家大学科技园	17	北京林业大学国家大学科技园
7	北京北航科技园有限公司	18	北京科技大学国家大学科技园
8	北京理工大学国家大学科技园	19	国家火炬北京大兴新媒体特色产业基地
9	北京邮电大学国家大学科技园	20	北京软件产业基地
10	北京师范大学国家大学科技园	21	中关村软件园
11	北京化工大学科技园		

附表 B-2　天津（15 个）

序号	名称	序号	名称
1	天津大学科技园	9	国家火炬武清汽车零部件特色产业基地
2	国家火炬天津陈塘工程设计特色产业基地	10	国家火炬天津京津电子商务特色产业基地
3	国家火炬天津空港经济区现代纺织特色产业基地	11	天津高新区新能源创新型产业集群
4	国家火炬计划东丽节能装备特色产业基地	12	北辰高端装备制造创新型产业集群
5	国家火炬计划西青信息安全特色产业基地	13	天津基于国产自主可控的信息安全产业集群
6	国家火炬天津中北汽车特色产业基地	14	泰达高端医疗器械产业集群
7	国家火炬武清新金属材料特色产业基地	15	国家软件出口基地
8	国家火炬天津京滨石油装备特色产业基地		

附表 B-3　河北（20 个）

序号	名称	序号	名称
1	国家火炬唐山焊接特色产业基地	11	国家火炬廊坊大城绝热节能材料特色产业基地
2	国家火炬唐山高新区机器人特色产业基地	12	国家火炬衡水高新区工程橡胶特色产业基地
3	国家火炬唐山陶瓷材料特色产业基地	13	河北软件产业基地（石家庄）
4	国家火炬邯郸新型功能材料特色产业基地	14	石家庄药用辅料创新型产业集群
5	国家火炬宁晋太阳能硅材料特色产业基地	15	邯郸现代装备制造创新型产业集群
6	国家火炬邢台沙河现代功能与艺术玻璃特色产业基地	16	邯郸新型功能材料产业集群
7	国家火炬保定安国现代中药特色产业基地	17	保定新能源与智能电网装备创新型产业集群
8	国家火炬保定新能源与能源设备特色产业基地	18	燕山大学国家大学科技园
9	国家火炬承德仪器仪表特色产业基地	19	河北工业大学国家大学科技园
10	国家火炬廊坊大数据特色产业基地	20	保定电谷大学科技园有限公司

附录 C　国家级科技企业孵化器（116 个）

附表 C-1　北京（55 个）

序号	名称	序号	名称
1	贝壳菁汇（北京）生态创新科技有限公司	29	北京康华伟业孵化器有限责任公司
2	北京斯坦福科技孵化器有限公司	30	北京牡丹科技孵化器有限公司
3	北京北电科林电子有限公司	31	北京亦庄国际生物医药投资管理有限公司
4	北京奥宇科技企业孵化器有限责任公司	32	创新工场（北京）企业管理股份有限公司
5	北京北航天汇科技孵化器有限公司	33	北京厚德科创科技孵化器有限公司
6	北京博奥联创科技孵化器有限公司	34	北京交大科技孵化器有限公司
7	北京高技术创业服务中心	35	北京人大文化科技企业孵化器有限公司
8	北京汉潮大成科技孵化器有限公司	36	北京乐邦乐成创业投资管理有限公司
9	北京瀚海润泽科技孵化器有限公司	37	北京东升科技企业加速器有限公司
10	北京华海基业科技孵化器有限公司	38	北京宏福科技孵化器股份有限公司
11	北京九州通科技孵化器有限公司	39	北京嘉捷美锦科技发展有限公司
12	北京理工创新高科技孵化器有限公司	40	北京北控高科技孵化器有限公司
13	北京普天德胜科技孵化器有限公司	41	北京赢家伟业科技孵化器股份有限公司
14	北京启迪创业孵化器有限公司	42	北京华商置业有限公司
15	北京赛欧科园科技孵化中心有限公司	43	北京京辰瑞达科技孵化中心
16	北京望京科技孵化服务有限公司	44	北京牡丹创新科技孵化器有限公司
17	北京中关村国际孵化器有限公司	45	大唐创新港投资（北京）有限公司
18	北京中关村京蒙高科企业孵化器有限责任公司	46	北京科大方兴科技孵化器有限责任公司
19	北京中关村软件园孵化服务有限公司	47	北京创业公社投资发展有限公司
20	北京中关村上地生物科技发展有限公司	48	中关村意谷（北京）科技服务有限公司
21	北京中关村生命科学园生物医药科技孵化有限公司	49	北京东方嘉诚文化产业发展有限公司
22	汇龙森国际企业孵化（北京）有限公司	50	锋创科技发展（北京）有限公司
23	中关村科技园区丰台园科技创业服务中心	51	博雅燕园科技企业孵化（北京）有限公司
24	中关村科技园区海淀园创业服务中心	52	北京普天电子城科技孵化器有限公司
25	北京京仪科技孵化器有限公司	53	北京华电天德科技园有限公司
26	汇龙森欧洲科技（北京）有限公司	54	北京国投尚科信息技术有限公司
27	北京北达燕园科技孵化器有限公司	55	北京嘉润创业商务有限公司
28	北京瀚海博智科技孵化器有限公司		

附表 C–2 天津（35 个）

序号	名称	序号	名称
1	天津滨海高新技术产业开发区国际创业中心	19	天津恩华企业孵化器有限公司
2	天津海泰企业孵化服务有限公司	20	天津市科技创业服务中心
3	天津火炬鑫茂创业服务有限公司	21	天津普天创达企业孵化器有限公司
4	天津华科企业孵化服务有限公司	22	天津意库创意企业管理服务有限公司
5	天津华苑软件园建设发展有限公司	23	天津青年创业园管理有限公司
6	天津普天企业孵化服务有限公司	24	天津科丽泰科技企业孵化器有限公司
7	天津泰达国际创业中心	25	天津航大中天科技发展有限公司
8	天津国际生物医药联合研究院	26	清控科创（天津）科技园管理有限公司
9	天津市聚贤科技孵化器有限公司	27	天津新华产业科技孵化器有限公司
10	天津生态城产业园运营管理有限公司	28	天津凌奥创意科技企业孵化器有限公司
11	天津生机企业孵化器有限公司	29	天津辰寰星谷企业孵化器有限公司
12	天津华鼎科技企业孵化器有限公司	30	天津新华河工科技企业孵化器有限公司
13	天津智慧山企业孵化器有限公司	31	天津京滨科技企业孵化器有限公司
14	天津航空产业开发有限公司	32	天津可信科技企业孵化器有限公司
15	天津滨海服务外包产业有限公司	33	天津光彩圣火科技企业孵化器有限公司
16	天津市世纪龙科技服务发展有限公司	34	天津市武清区兴科百纳有限公司
17	天津市帅超科技园有限公司	35	天津东旺塑料科技孵化器有限公司
18	天津市陈塘科技孵化器有限公司		

附表 C–3 河北（26 个）

序号	名称	序号	名称
1	唐山高新技术创业中心	14	河北创业基地投资管理有限公司
2	秦皇岛经济技术开发区高新技术创业服务中心	15	石家庄高新区方亿科技企业孵化器有限公司
3	邯郸高新技术创业服务中心	16	石家庄日中天科技企业孵化器有限公司
4	沧州市科技创业中心	17	邯郸市科苑企业孵化器有限公司
5	三河燕郊新技术创业服务中心	18	衡水高新技术产业开发区创业服务中心
6	承德市高新技术产业开发区创业服务中心	19	秦皇岛北岛博智科技孵化器有限公司
7	秦皇岛市育兴高新技术创业有限公司	20	石家庄天山科技工业园运营服务有限公司
8	涿鹿科技园孵化器有限公司	21	保定支点创业服务有限公司
9	河北方大科技有限公司	22	张家口博创智造孵化器有限公司
10	石家庄市科技创新服务中心	23	华夏幸福（固安）创业港投资有限公司
11	石家庄鹿岛创业孵化器有限公司	24	燕山大学国家大学科技园
12	保定高新技术创业服务中心	25	河北工业大学国家大学科技园
13	石家庄高新技术创业服务中心	26	保定国家大学科技园

附录 D　国家备案众创空间（317 个）

附表 D-1　北京（159 个）

序号	名称	运营主体
1	东方嘉诚众创空间	北京东方嘉诚文化产业发展有限公司
2	科技寺	北京科聚思网络科技有限公司
3	DRC 创億梦工厂	北京迪希工业设计创意开发有限公司
4	融创空间	北京四方共创生产力促进有限公司
5	极地国际创新中心（北京）	北京极地加科技有限公司
6	北大创业孵化营	北京北达燕园科技孵化器有限公司
7	北京 IC 咖啡	北京爱思创芯汇咨询有限公司
8	清华 x-lab	清华大学经济管理学院
9	创客总部	北京创客帮科技孵化器有限公司
10	北京创客空间	北京创客空间科技有限公司
11	3W 孵化器	北京 3W 孵化器管理有限公司
12	36 氪空间	氪空间（北京）信息技术有限公司
13	硬创邦	北京英鹏硬创科技有限公司
14	Binggo 咖啡	北京思源易创科技服务有限公司
15	联想之星	北京联想之星投资管理有限公司
16	创业黑马众创空间	北京创业未来传媒技术有限公司
17	飞马旅	北京飞马旅企业管理有限公司
18	AAMA 亚杰商会	亚杰汇（北京）网络科技服务有限公司
19	北京大学创业训练营	燕园校友投资管理有限公司
20	车库咖啡	北京车库咖啡孵化器运营管理有限公司
21	InnoTREE 因果树	北京因果树网络科技有限公司
22	虫洞创业之家	北京虫洞创业之家科技服务有限公司
23	京西创业公社	北京创业公社投资发展有限公司
24	瀚海 Plug and Play	北京瀚海亚美迪创业投资有限公司
25	C 客空间	北京普天德胜科技孵化器有限公司
26	新华 1949. 中文创客空间	中文发集团文化有限公司

续表

序号	名称	运营主体
27	优客工场	优客工场（北京）创业投资有限公司
28	洪泰创新空间	洪泰创新空间（北京）创业投资有限公司
29	北服创新园	北京北服时尚投资管理有限公司
30	果壳空间	北京果壳互动科技传媒有限公司
31	尚 8 文化众创空间	首邦（北京）资产运营有限公司
32	启迪之星（北京）	启迪之星（北京）科技企业孵化器有限公司
33	创投圈	北京海蓝创景投资咨询有限公司
34	厚德创新谷	北京厚德科创科技孵化器有限公司
35	中关村智能硬件梦工场（硬创梦工场）	北京硬创空间科技有限公司
36	创业邦	爱奇清科（北京）信息科技有限公司
37	金种子创业谷	北京金种子创业谷科技孵化器中心
38	清华经管创业者加速器	北京清创纪元创业教育科技有限责任公司
39	北航夸克空间	北京北航科技园有限公司
40	清创空间	北京清创科技孵化器有限公司
41	太库北京	太库（北京）科技孵化器有限公司
42	创业谷・光华	北京创业谷科技孵化器有限公司
43	筑梦空间	北京东晟合创科技孵化器有限公司
44	苏河汇（北京）	北京点观科技孵化器有限公司
45	创业魔法学院	天下创业（北京）教育科技有限公司
46	零壹时光	北京零壹诚品科技有限公司
47	云基地	北京云基地云计算科技发展有限公司
48	兰天使孵化器	兰天使创新创业孵化器有限公司
49	万巢创意工场（万巢）	万巢含品（北京）国际商务服务有限公司
50	拓荒族	优府科技服务（北京）有限公司
51	V 创空间	北京微创空间科技孵化器有限公司
52	IBI 咖啡	中关村科技园区丰台园科技创业服务中心
53	格雷众创园	鼎石天元投资（北京）有限公司
54	创亦汇	中孵高科产业孵化（北京）有限公司
55	锋创科技园	锋创科技发展（北京）有限公司
56	创园国际	北京嘉润创业商务有限公司

续表

序号	名称	运营主体
57	纳什空间	纳什空间创业科技（北京）有限公司
58	文化创新工场	北京市文化创新工场投资管理有限公司
59	无界空间	合作共创（北京）办公服务有限公司
60	公司宝	汉唐信通（北京）咨询股份有限公司
61	国安龙巢	国安龙巢（北京）科技投资有限公司
62	瀚海博智	北京瀚海博智科技孵化器有限公司
63	光合空间	光合空间（北京）企业孵化器有限公司
64	天使汇	北京天使汇金融信息服务有限公司
65	京东 JD+ 孵化器	北京京东顺顺科技有限公司
66	阿尔法沃夫	阿尔法沃夫（北京）加速器科技有限公司
67	可可豆创新孵化平台	洛可可众创科技（北京）有限公司
68	晶蛋工场	众智博汇（北京）科技孵化器有限责任公司
69	一八九八咖啡馆	一八九八文化传媒（北京）有限公司
70	数字设计中心	北京中关村国际数字设计中心有限公司
71	北京银行中关村小巨人创客中心	北京银行中关村分行
72	文化创客港	北京人大文化科技企业孵化器有限公司
73	京仪创新港	北京京仪科技孵化器有限公司
74	天作・IUIA	北京天作创新科技孵化器有限公司
75	文曲星	北京远见育成科技孵化器有限公司
76	北理工创意空间	北京理工创新高科技孵化器有限公司
77	大唐创新港	大唐创新港投资（北京）有限公司
78	赢家伟业	北京赢家伟业科技孵化器股份有限公司
79	创立空间	北京众创空间创立科技有限公司
80	软件众创星谷	北京中关村软件园孵化服务有限公司
81	悠上空间	北京建设大学（中国农业大学科技园）
82	京师咖啡创新空间	北京众合海川科技孵化器有限公司，北京京师树人科技孵化器发展有限责任公司
83	健康智谷	北京天亿弘方投资管理有限公司
84	硬派空间	北京海置科创科技服务有限公司
85	顺蓝 TA 众创基地	北京顺宝蓝庭投资有限公司
86	衫晒空间	北京衫晒科技孵化器有限公司

续表

序号	名称	运营主体
87	紫荆花众创基地	紫荆花科技孵化器（北京）有限公司
88	中财大科技金融港	中财大科技园（北京）有限公司
89	校际空间	校际空间（北京）科技孵化器有限责任公司
90	同方科技园	同方科技园有限公司
91	一九一一平台	一九一一文化传播（北京）有限公司
92	库尔好同学	北京库尔好同学科技有限公司
93	雷雷伙伴	雷雷伙伴（北京）科技孵化器有限公司
94	智泽汇	北京智泽惠通科技孵化器有限公司
95	泰智会	北京宏泰智会科技服务有限公司
96	5F 咖啡厅	北京赛欧科园科技孵化中心有限公司
97	贝壳菁汇创新生态圈	贝壳菁汇科技集团有限公司
98	星库空间	星库空间（北京）创业投资有限公司
99	黑钻石	黑钻石（北京）文化传媒股份有限公司
100	军民融创汇	北京北方车辆新技术孵化器有限公司
101	石谷轻文化创业基地	北京趣酷科技有限公司
102	91 众创	九一金融信息服务（北京）有限公司
103	创新谷	北京创新谷科技孵化器有限公司
104	新金融创业港	北京海聚博源科技孵化器有限公司
105	方和正圆	北京方和正圆商贸有限公司
106	建筑梦工厂	北京正开科技有限公司
107	奥宇创客 +	北京奥宇科技企业孵化器有限责任公司
108	快创学院	北京快投会网络科技有限公司
109	东尚 · E 园	北京东尚泰和科技有限公司
110	中科电商谷 5U	北京中科电商谷信息技术有限公司
111	鸿坤金融谷	北京鸿坤理想投资管理有限公司
112	杰客咖啡	北京中软国际教育科技股份有限公司
113	KNOW-HOW 创业空间	北京禾芫科技孵化器有限公司
114	亦庄创投汇	北京亦庄移动硅谷有限公司
115	安快创业谷	北京安快创业科技有限公司
116	火柴盒创客街区	北京九城软件有限公司

续表

序号	名称	运营主体
117	海创空间（北京）	北京海创百川创业咨询服务有限公司
118	中关村 e 谷	中关村意谷（北京）科技服务有限公司
119	YOU+ 青年创业社区（北京）	北京 U 家创业投资管理有限公司
120	369 云工厂（北京）	大唐网络有限公司
121	师林（北京）	北大医疗产业园科技有限公司
122	创新工场	创新工场（北京）企业管理股份有限公司
123	微软云加速器	微软（中国）有限公司
124	互联网金融实验室	清控道口财富科技（北京）股份有限公司
125	中美企业创新中心	北京瀚海华美国际咨询有限公司
126	自由者创业社区	北京国泰青春商业有限公司
127	中航创城	中航创城（北京）投资咨询有限公司
128	创 E 工场	北京华商置业有限公司
129	HomeX 加速器	逐鹿仁德（北京）科技孵化器有限公司
130	掘金微创业	微创业（北京）企业管理服务有限公司
131	合创新业	合创新业（北京）科技服务有限公司
132	国联万众	北京国联万众半导体科技有限公司
133	安创空间	北京安创空间科技有限公司
134	腾讯众创空间（北京）	北京厚德昌科投资管理有限公司
135	回 + 创客公社	北京昌品城市文化发展有限公司
136	中航爱创客	中航联创科技有限公司
137	Plug and Play China	北京即联即用创业投资有限公司
138	506 创客汇	北京普天电子城科技孵化器有限公司
139	房山北创营	北创营（北京）科技孵化器有限公司
140	尚科办公社区	北京国投尚科信息技术有限公司
141	金丰和创客空间	北京金丰和科技企业孵化器有限责任公司
142	智创工坊	智创工坊（北京）科技有限公司
143	未来之星	北京市化学工业研究院有限责任公司
144	国创产业园	北京星火国创企业管理有限公司
145	融科众创	北京京仪融科科技孵化器有限公司
146	京卫众创空间	京卫惟科生物科技孵化（北京）有限公司

续表

序号	名称	运营主体
147	埃米空间	北京天作理化科技孵化器有限公司
148	猫妹众创空间	北京业主行网络科技有限公司
149	宏福众创空间	北京宏福科技孵化器股份有限公司
150	优投空间	北京优投科技孵化器有限公司
151	华灿工场	中民国投（北京）投资控股有限公司
152	移动互联孵化基地	北京智汇互联科技孵化器有限公司
153	化育空间	北京北化大科技园有限公司
154	Foundry Club 跨境加速器	北京斯坦福科技孵化器有限公司
155	海尔 U +企孵	北京倪帮尔科技孵化器有限公司
156	义创空间	北京义创空间投资管理有限公司
157	e 巢客・九州	北京九州众创科技孵化器有限公司
158	青创动力	青创动力（北京）科技孵化器有限公司
159	软件园高校基地	北京中关村软件园发展有限责任公司

附表 D-2 天津（78 个）

序号	名称	运营主体
1	轻职众创空间	轻职众创空间（天津）有限公司
2	天津市和平睿先锋众创空间	天津新滨江机电广场有限公司
3	天津电气院智能电气众创空间	天津电气科学研究院有限公司
4	M3 创空间	天津新岸创意产业投资有限公司
5	手牵手众创空间	天津滨创生产力促进有限公司
6	天津城市职业学院青年艺术众创空间	天津城市职业学院
7	DS 创客空间	蜂巢空间（天津）创业服务有限公司
8	四六零众创空间	天津四六零众创空间有限公司
9	北方创客体验中心	天津人民公园经营有限责任公司
10	华德福众创空间	天津市华德福众创空间有限公司
11	天津外国语大学玑瑛意谷青年创新创业实践基地	天津明大华中企业孵化器有限公司
12	天津医学高等专科学校医专康健众创空间	医专康健众创空间（天津）有限公司
13	九安智慧健康众创空间	天津九安医疗电子股份有限公司

续表

序号	名称	运营主体
14	3X-e 客空间	源创三象（天津）企业孵化器有限公司
15	南开大学玑瑛青年创新创业实践基地	南开大学
16	闯先生	天津闯先生网络科技有限责任公司
17	“搭伙”众创空间	天津大学
18	梦工坊众创空间	梦工坊创新科技（天津）有限公司
19	创 + 时代众创空间	天津市创佳时代科技企业管理有限公司
20	巷肆・缘创众创空间	天津市福莱特文化交流有限公司
21	意库众创空间	天津意库创意企业管理服务有限公司
22	青年众创空间	天津青年创业园管理有限公司
23	百狼众创空间	天津市百狼众创空间有限公司
24	津创驿站	天津微卓科技有限公司
25	速创空间	速普创新（天津）科技发展有限公司
26	天津东丽青年创新创业学院	天津东丽青年创新创业中心
27	馒头咖啡创客空间	执信（天津）科技企业孵化器有限公司
28	蓝海硅谷众创空间	天津赢家伟业科技文化企业孵化器有限公司
29	慧谷蜂巢众创空间	清控科创（天津）科技园管理有限公司
30	中航大众创空间	天津航大中天科技发展有限公司
31	源创空间	天津市中北福源开发建设有限公司
32	凌智空间	天津凌奥众创空间管理服务有限公司
33	学府科创广场	天津精武科技产业发展有限公司
34	天津工业大学创客空间	天津工业大学
35	天津理工大学众创空间	天津理工大学
36	天软・创魔方	天津市大学软件学院
37	创客工场	天津安正路生产力促进股份有限公司
38	中日韩文化创意公社	天津九洲新罗商业管理有限公司
39	青创众创空间	天津精通科技发展有限公司
40	凯立达—中德众创空间	天津凯立达众创空间孵化器有限公司
41	现代领航者众创空间	众创空间（天津）科技发展有限公司
42	领航未来工业创意产业众创空间	领航未来（天津）众创空间有限公司

续表

序号	名称	运营主体
43	弘商众创空间	天津商务职业学院
44	南开大学星空众创空间	南开大学
45	星谷创业工场	天津海天缘生产力促进中心有限责任公司
46	创 E 空间	天津河北工业大学科技园发展有限公司
47	工学坊	河北工业大学
48	“乐创津成”众创空间	天津职业大学
49	天津商业大学微渡创业众创空间	天津商业大学
50	天赋前沿众创空间	天津大学前沿技术研究院有限公司
51	品格创客坊	天津武清汽车产业园有限公司
52	易创空间（天津）	华北城（天津）投资有限公司
53	宝星众创空间	天津宝星节能科技企业孵化器有限公司
54	思创（strong）众创空间	天津市九园新能源科技企业孵化器有限公司
55	天津科技大学众创空间	天津科技大学
56	南滨 GENSBOX（玑瑛青年创新公社）众创空间	南开大学滨海学院
57	医脉众创空间	天津国际生物医药联合研究院有限公司
58	津京互联创业咖啡	天津泰达科技发展集团有限公司
59	创想空间	天津滨海新区科技金融投资集团有限公司
60	腾讯众创空间（天津）	天津远景企鹅文化发展有限公司
61	北京大学创业训练营天津基地	燕园校友（天津）投资管理有限公司
62	民航科技创业苗圃	天津航空产业开发有限公司
63	瑞普生物智创谷	天津瑞普生物技术股份有限公司
64	临港科创众创空间	天津大学滨海工业研究院有限公司
65	Thinkbig 创意空间	天津生态城产业园运营管理有限公司
66	fish 工坊	天津市天祥水产有限责任公司
67	we+ 众创空间	天津永辉众创空间有限公司
68	大匠工坊	天津天海同步科技孵化器有限公司
69	虫洞众创空间	虫洞（天津）众创空间有限公司
70	天津市生态农业互联众创空间	天津隆裕共源电子商务有限公司
71	天津创意魔法空间	天津科创科技企业孵化器有限公司

续表

序号	名称	运营主体
72	凯立达创投咖啡—众创空间	天津凯立达众创空间孵化器有限公司
73	榴莲咖啡众创空间	榴莲咖啡众创空间（天津）股份有限公司
74	天津创元众创发展中心	天津南开创元信息技术有限公司
75	德人环境共创空间	天津众科广联环境科技有限公司
76	天津纳斯达克吧创业咖啡	天津智慧山企业孵化器有限公司
77	高分众创空间	天津中科遥感空间信息技术股份有限公司
78	易·空间众创空间	易创高科集团有限公司

附表 D-3　河北（80 个）

序号	名称	运营主体
1	蜂巢集创	河北蜂聚商业管理有限公司
2	创享吧（众创空间）	河北省青年创业服务中心
3	众创梦工厂	河北磊创科技有限公司
4	毓秀空间	河北女子职业技术学院
5	5A 创业咖啡俱乐部	商云河北企业管理咨询有限公司
6	创投空间	石家庄创投科技有限公司
7	中关村河北金种子众创空间	河北金种子创业谷企业孵化服务有限公司
8	飞翔创客空间	河北科技大学
9	时光空间	河北时光空间科技发展有限公司
10	河北地质大学创业生态公园	河北地院科技开发总公司
11	互联时空	河北互联时空众创空间有限公司
12	引领众创	河北引领众创空间有限公司
13	北大中电石家庄科技园众创空间	石家庄北大中电科技园管理有限公司
14	啄木鸟众创空间	石家庄蓝尔科技有限公司
15	石家庄能客微工厂众创空间	石家庄绿宝露包装材料有限公司
16	鹿岛 V 创空间	河北鹿岛众创空间有限公司
17	冀成农厂众创空间	河北慧聪电子商务有限公司
18	育米众创空间	石家庄赢拓电子商务服务有限公司
19	石家庄黑马会众创空间	河北奇兵信息科技有限公司

续表

序号	名称	运营主体
20	河北创客乐园	河北创客企业管理咨询有限公司
21	3V 创客咖啡	石家庄日中天科技企业孵化器有限公司
22	方亿创客园	河北智业众创空间有限公司
23	普华云管家	石家庄市科技创新服务中心
24	青橙公社	河北创格软件科技有限公司
25	天山蒲公英	石家庄天山科技工业园运营服务有限公司
26	遂变空间	河北海达电子科技有限公司
27	竞合汇	河北竞合科技服务有限公司
28	瑞德星创众创空间	唐山市金麦瑞德投资有限公司
29	E 创空间	唐山市互联网产业研究院有限公司
30	宝升昌众创空间	宝升昌（唐山）金融服务有限公司
31	唐山融・创客工场	唐山融通清科科技企业孵化器有限公司
32	瓷缘梦工厂	唐山博玉骨质瓷有限公司
33	唐山工业互联网众创空间	创客天下（唐山）科技有限公司
34	新百工众创空间—唐山科技中心	唐山百川智能机器股份有限公司
35	唐山电商众创空间	唐山唐联电子商务有限公司
36	睡着的斑马互联网众创空间	唐山众创空间科技孵化器有限公司
37	唐山高新技术创业中心众创空间	唐山高新技术创业中心
38	石墨烯家	唐山建华实业集团有限公司
39	燕大创客学院	秦皇岛燕大众创创业咨询服务有限公司
40	科泰创新工场	秦皇岛科泰科技服务有限公司
41	e 谷创想空间	秦皇岛意谷科技孵化器有限公司
42	金北众创空间	秦皇岛金北众创科技孵化器有限公司
43	DCT 创客空间	邯郸高科园区发展股份有限公司
44	邯郸颐高万创空间	邯郸开发区颐高电子商务有限公司
45	骏伯众创空间	邢台骏伯众创科技有限公司
46	翼腾创客空间	邢台翼腾网络科技有限公司
47	晋客空间	河北方大科技园管理服务有限公司
48	小燕・蜂巢众创空间	河北广厦物业服务有限公司
49	领创众创空间	河北领创投资集团有限公司
50	华电・电火花众创空间	华北电力大学

续表

序号	名称	运营主体
51	河北大学厚德创客空间	河北大学
52	保定支点创客空间	保定支点创业服务有限公司
53	佰盛合达众创空间	河北佰盛合达众创空间有限公司
54	多维众创空间（保定）	保定河大科技园有限公司
55	豆芽创客空间	保定电谷大学科技园有限公司
56	甲客虫创客空间	保定嘉盛光电科技股份有限公司
57	电谷 e 创空间	保定华锐电力工程设计有限公司
58	城典众创空间	河北城典股权投资基金管理有限公司
59	3S 双创社区	保定同方智慧园区运营有限公司
60	创客汇	保定市创客汇企业管理服务有限公司
61	鸿翔众创空间	怀来县城镇化建设投资有限公司
62	大创园众创空间	张家口大创园创业服务有限公司
63	星起点	张家口市金达开元科技企业孵化器有限责任公司
64	大运河众创空间	沧州市大运河众创空间有限公司
65	东光县众创空间	沧州创盟人力资源有限公司
66	新林坡	黄骅市新林坡创业服务中心
67	青云创业梦工场	青云企业孵化器（廊坊）有限公司
68	星火创客	廊坊科技企业孵化器有限公司
69	9 号咖啡	廊坊市宏泰科技成果孵化服务有限公司
70	廊坊壹佰众创空间	廊坊市壹佰创业孵化器有限公司
71	廊坊华航 E 创空间	北华航天工业学院
72	肽谷生物医药众创空间	太库科技创业发展有限公司
73	中信国安创客众创空间	国安创客投资有限公司
74	京东创客孵化空间 work+	百世金谷实业有限公司
75	扬帆起航创客空间	三河市扬帆起航众创空间有限公司
76	蓝火众创空间	衡水同创企业管理有限公司
77	源动力众创空间	衡水源动力文化传播有限公司
78	创艺空间	河北罗小蛋文化发展有限公司
79	衡智众创空间	衡水衡职创业基地投资有限公司
80	“9+1”众创空间	保定工业学校